发现之旅

现代技术篇

新光传媒◎编译

Eaglemoss出版公司◎出品

FIND OUT MORE

复杂的机械

石油工業出版社

图书在版编目（CIP）数据

复杂的机械 / 新光传媒编译. —北京：石油工业出版社，2019.10

（发现之旅. 现代技术篇）

ISBN 978-7-5183-2959-5

Ⅰ. ①复… Ⅱ. ①新… Ⅲ. ①机械设备－普及读物 Ⅳ. ①TB4-49

中国版本图书馆CIP数据核字（2018）第234904号

发现之旅：复杂的机械（现代技术篇）

新光传媒　编译

出版发行：石油工业出版社

（北京安定门外安华里 2 区 1 号楼　100011）

网　　址：www.petropub.com

编 辑 部：（010）64523783

图书营销中心：（010）64523633

经　　销：全国新华书店

印　　刷：北京中石油彩色印刷有限责任公司

2019 年 10 月第 1 版　2019 年 10 月第 1 次印刷

889×1194 毫米　开本：1/16　印张：8.25

字　　数：130 千字

定　　价：36.80 元

编辑说明

“发现之旅”系列图书是我社从英国 Eaglemoss（艺格莫斯）出版公司引进的一套风靡全球的家庭趣味图解百科读物，由新光传媒编译。这套图书图片丰富、文字简洁、设计独特，适合 8 ~ 14 岁读者阅读，也适合家庭亲子阅读和分享。

英国 Eaglemoss 出版公司是全球非常重要的分辑读物出版公司之一。目前，它在全球 35 个国家和地区出版、发行分辑读物。新光传媒作为中国出版市场积极的探索者和实践者，通过十余年的努力，成为“分辑读物”这一特殊出版门类在中国非常早、非常成功的实践者，并与全球非常强势的分辑读物出版公司 DeAgostini（迪亚哥）、Hachette（阿谢特）、Eaglemoss 等形成战略合作，在分辑读物的引进和转化、数字媒体的编辑和制作、出版衍生品的集成和销售等方面，进行了大量的摸索和创新。

《发现之旅》（*FIND OUT MORE*）分辑读物以“牛津少年儿童百科”为基准，增加大量的图片和趣味知识，是欧美孩子必选科普书，每 5 年更新一次，内含近 10000 幅图片，欧美销售 30 年。

“发现之旅”系列图书是新光传媒对 Eaglemoss 最重要的分辑读物 *FIND OUT MORE* 进行分类整理、重新编排体例形成的一套青少年百科读物，涉及科学技术、应用等的历史更迭等诸多内容。全书约 450 万字，超过 5000 页，以历史篇、文学·艺术篇、人文·地理篇、现代技术篇、动植物篇、科学篇、人体篇等七大板块，向读者展示了丰富多彩的自然、社会、艺术世界，同时介绍了大量贴近现实生活的科普知识。

发现之旅（历史篇）： 共 8 册，包括《发现之旅：世界古代简史》《发现之旅：世界中世纪简史》《发现之旅：世界近代简史》《发现之旅：世界现代简史》《发现之旅：世界科技简史》《发现之旅：中国古代经济与文化发展简史》《发现之旅：中国古代科技与建筑简史》《发现之旅：中国简史》，主要介绍从古至今那些令人着迷的人物和事件。

发现之旅（文学·艺术篇）： 共5册，包括《发现之旅：电影与表演艺术》《发现之旅：音乐与舞蹈》《发现之旅：风俗与文物》《发现之旅：艺术》《发现之旅：语言与文学》，主要介绍全世界多种多样的文学、美术、音乐、影视、戏剧等艺术作品及其历史等，为读者提供了了解多种文化的机会。

发现之旅（人文·地理篇）： 共7册，包括《发现之旅：西欧和南欧》《发现之旅：北欧、东欧和中欧》《发现之旅：北美洲与南极洲》《发现之旅：南美洲与大洋洲》《发现之旅：东亚和东南亚》《发现之旅：南亚、中亚和西亚》《发现之旅：非洲》，通过地图、照片和事实档案等，逐一介绍各个国家和地区，让读者了解它们的地理位置、风土人情、文化特色等。

发现之旅（现代技术篇）： 共4册，包括《发现之旅：电子设备与建筑工程》《发现之旅：复杂的机械》《发现之旅：交通工具》《发现之旅：军事装备与计算机》，主要解答关于现代技术的有趣问题，比如机械、建筑设备、计算机技术、军事技术等。

发现之旅（动植物篇）： 共11册，包括《发现之旅：哺乳动物》《发现之旅：动物的多样性》《发现之旅：不同环境中的野生动植物》《发现之旅：动物的行为》《发现之旅：动物的身体》《发现之旅：植物的多样性》《发现之旅：生物的进化》等，主要介绍世界上各种各样的生物，告诉我们地球上不同物种的生存与繁殖特性等。

发现之旅（科学篇）： 共6册，包括《发现之旅：地质与地理》《发现之旅：天文学》《发现之旅：化学变变变》《发现之旅：原料与材料》《发现之旅：物理的世界》《发现之旅：自然与环境》，主要介绍物理学、化学、地质学等的规律及应用。

发现之旅（人体篇）： 共4册，包括《发现之旅：我们的健康》《发现之旅：人体的结构与功能》《发现之旅：体育与竞技》《发现之旅：休闲与运动》，主要介绍人的身体结构与功能、健康以及与人体有关的体育、竞技、休闲运动等。

“发现之旅”系列并不是一套工具书，而是孩子们的课外读物，其知识体系有很强的科学性和趣味性。孩子们可根据自己的兴趣选读某一类别，进行连续性阅读和扩展性阅读，伴随着孩子们日常生活中的兴趣点变化，很容易就能把整套书读完。

目录 CONTENTS

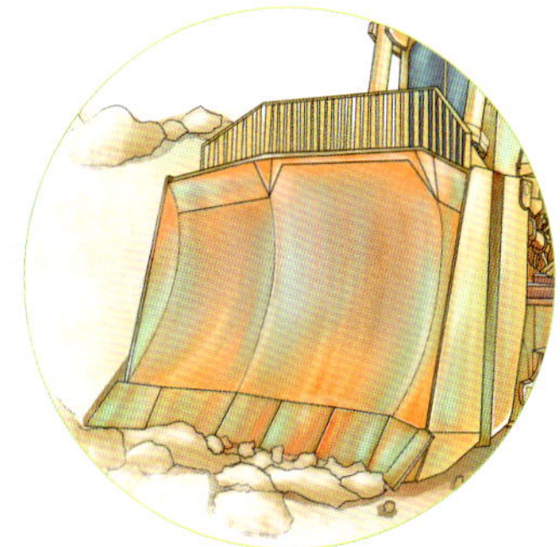

简单机械……………………………………2
电动机………………………………………7
机器人………………………………………11
激光…………………………………………15
电力工具……………………………………21
起重机………………………………………24
旅客运输系统………………………………30

隧道挖掘机…………………………………34
工程机械……………………………………38
铺路…………………………………………44
农业机械……………………………………48
联合收割机…………………………………52
灌溉系统……………………………………55
包装…………………………………………59

深井采矿设备………………………………63
地面采矿设备………………………………67
发电机和涡轮机……………………………71

发电设备……………………………………75
消防设备……………………………………79
防漏油设备…………………………………82
救护车的装备………………………………89

警用装备……………………………………93
消防员………………………………………96
救护车………………………………………100
警车…………………………………………104
救援车………………………………………108
机场安全……………………………………112
防盗装置……………………………………115

保险箱………………………………………117
门锁系统……………………………………119
火灾侦查和预防装置………………………121

简单机械

骑自行车，拧紧一块地板，砸开一个坚果，打开水龙头，卷起鱼线……要完成上述每一个动作都要用到某种简单的机械。我们可以在起重机、推土机、升降机和卡车上找到将这些简单机械按比例放大后做成的装置。

机械是指任何一种用力将重物移动一定距离做功的设备。不同的机械能够控制施加的力度的大小、力的移动距离以及力的方向，但是没有任何一种机器能够凭空产生力，而是必须要有能量（作用力）的输入才能使机械发挥作用，而这些能量既可以来自人，如由某人推动杠杆，也可来自发动机或者电动机，甚至还可以来自自然界，如流动的水、波浪、潮汐或风。

大多数被我们视为机械的物体都是庞大复杂的机械装置，如汽车、列车机车、起重机、钻孔机、装订机以及食物搅拌机。但是这些机器中的每一种都是由许多尺寸小得多的简单机械彼此连接而成进行作业的。简单机械包括杠杆、滑轮、螺旋机械、齿轮和活塞。

机械移动重物的完成情况取决于两个因素，即机械功率和机械利益。机械功率可以衡量机械获取的总能量与输出能量之间的关系。没有任何一台机器的功率能够达到100%，因为总会有

◀ 图中是林立于伦敦金丝雀码头上的移动起重机和塔式固定起重机。沉重的平衡物（杠杆设备）可以平衡长长的起重臂所提起的重物的重量，防止起重机在货物升降时翻倒。

反铲式挖掘机

反铲式挖掘机是在建筑工地和道路作业中最常见的一种机械。这种挖掘机具有多种功能，多采用柴油机驱动，通过液压系统进行作业。有些机型还在驾驶室的另一侧装有载物铲斗，从而成为集两种功能于一身的二合一机械。

顶部柱塞

顶部柱塞推动挖掘臂的末端，使铲斗向内翻转完成挖掘动作。

挖掘臂

挖掘臂是一种秋千式的杠杆，枢轴位于动臂的末端。

铲斗柱塞

铲斗柱塞可使挖掘臂末端铲斗进行旋转以铲挖泥土。

动臂柱塞

主液压柱塞用于控制动臂的升降。液压液体沿动臂侧面的软管泵入液压油缸。

枢轴

驾驶室和挖掘配件能围绕中心枢轴旋转，所以挖掘臂能向各个方向伸出。

抓牢地面

表面有凸齿的履带使挖掘机可以在崎岖、潮湿或泥泞的道路上行驶，而不会陷入泥沼。

平衡装置

发动机和平衡锤可以平衡挖掘臂和铲斗的重量。

分散负重

宽宽的履带能够将机器的重量分散到一块很大的面积上。这可以防止机体在机臂完全展开时向一侧倾倒。

机械类型 当做有用功的力超过阻力时，机械就会开始作业。	**常见实例**	**应用及优越性**
杠杆 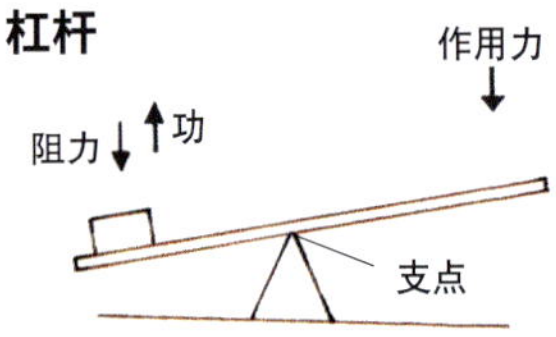 	 	广泛应用于从自动售货机到道路挖掘机等各种机器。杠杆的机械效率高，而且当作用力作用到很长的杠杆上并且重物到支点间的力臂相对较短时，杠杆可以获得很大的机械利益。
滑轮 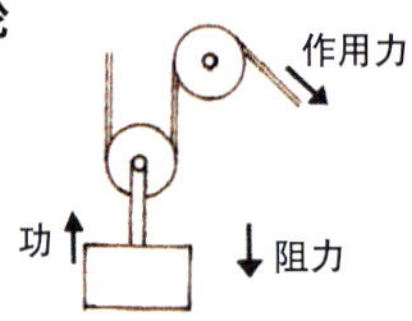 	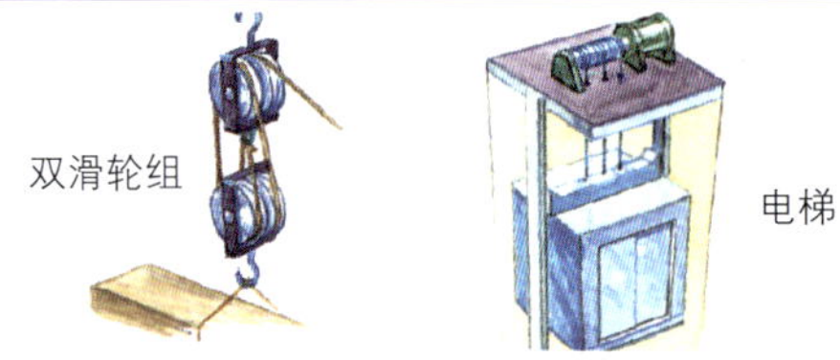 	多见于起重机和升降机中。滑轮组中的滑轮个数越多，能提起的重物的质量就越大，不过绕在滑轮组上的绳子要很长，才能将重物移动一段相对较短的距离。
轮轴 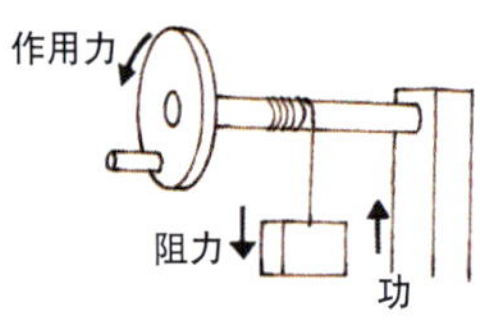 	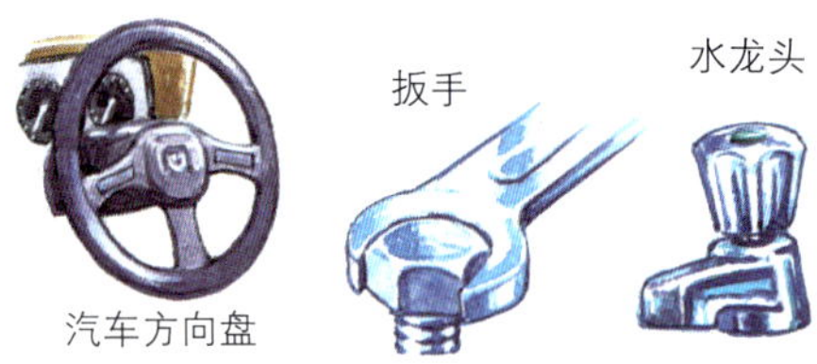 	另一种常见机械，但并不容易辨认。扳手的机械利益是指扳手手柄的长度与螺母的大小（半径）的比值，手柄越长就越容易转动螺母。
斜面 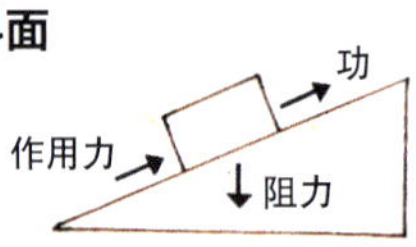 	 	人类沿用至今的最古老的机械之一。斜面越长、坡度越平缓，在作用力一定的情况下能够推动的重量就越大。
楔子 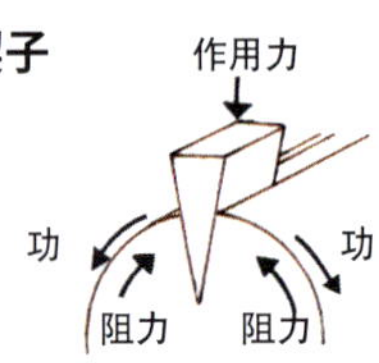 	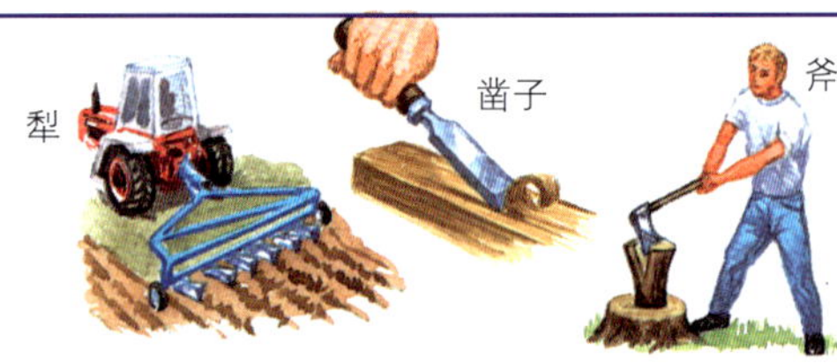 	基本上相当于两个背靠背粘在一起的斜面，但它却是一种效率极高的机械。如果楔子尖端的角度很小，只要用锤子轻轻一砸，就会产生很大的向外的力。
螺旋机械 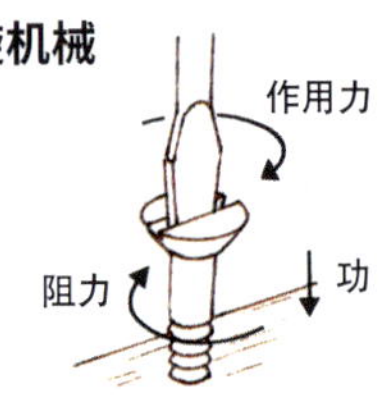 	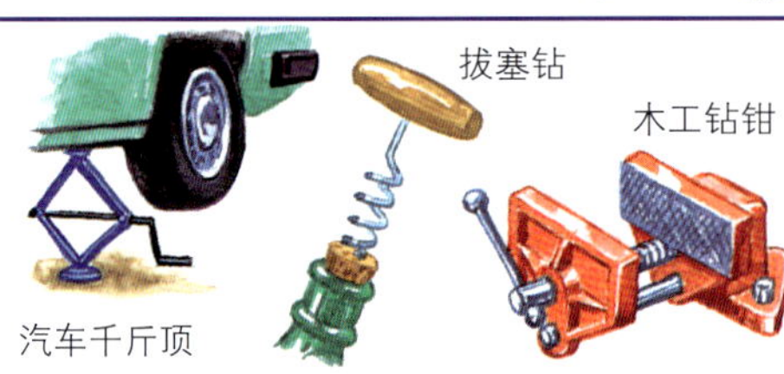 	螺旋在日常生活中的使用次数极多，我们可把它视为由一个又长又薄的斜面卷成的。螺旋在汽车千斤顶中的应用表现了它良好的机械利益：即便是力气很小的人也可以轻松抬起笨重的汽车来换轮胎。
齿轮 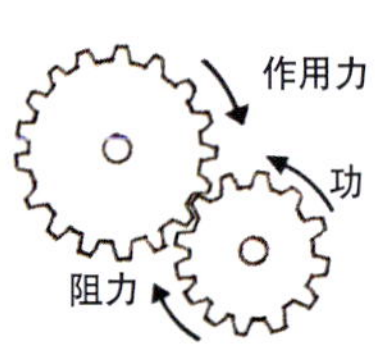 	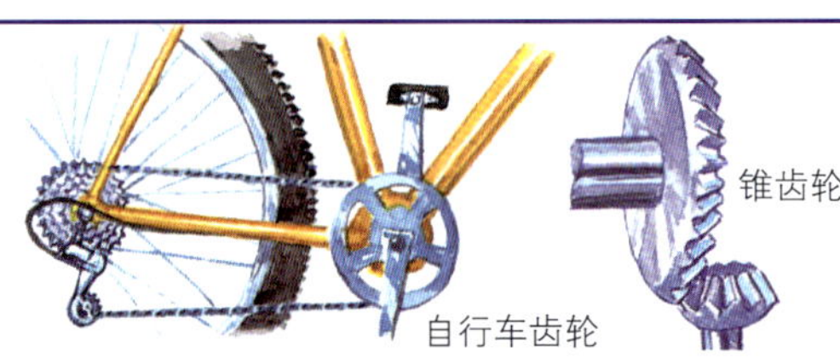 	从钟表到汽车等很多机器会用到啮合齿轮。锥齿轮能够将运动传递到 90° 角的位置。所有啮合的齿轮都会向相反的方向旋转。可以通过传送带和链条来达到不改变方向进行传动的效果。
活塞和曲柄 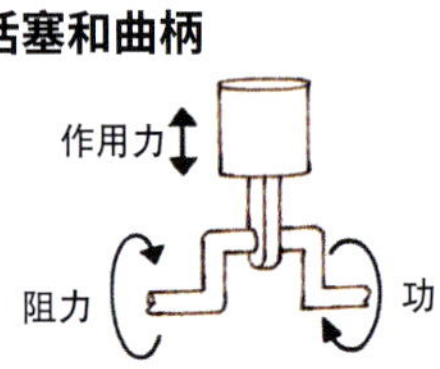 	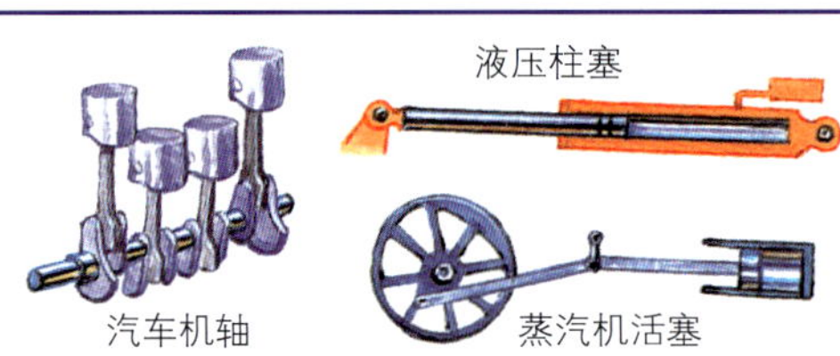 	用于发动机及其他一些需要将上下或前后运动（往复运动）转变为旋转运动的情况。而旋转运动也可以转变为往复运动，许多电动机驱动的泵就属于这种情况。

部分能量由于摩擦或发热损失掉。像撬棍这样的简单杠杆的功率接近 100%，但大多数汽车发动机的功率却只能达到 25% 左右，这是因为燃料产生的大量能量都会以热量的形式散失到空气中。

机械利益是指机械移动重物实际使用的力（输出力）与机械获取的作用力（输入力）之间的比值。杠杆就是一个很好的例子。假设我们有一根 6 米长的杠杆，比如一块结实的厚木板，木板一端放有一块重 100 千克的石头，枢轴（又称支点）位于沿木板距放重物这端 1 米远的位置，这样我们只需用能承受 20 千克重物的力压下木板的另一端就能抬起这块石头了。支点两侧的旋转力互相平衡，用 100 千克的重量乘以从枢轴到重物端 1 米长的杆长（力臂长度），与 20 千克乘以枢轴另一侧 5 米的杆长的乘积相等。我们向杠杆一端施加的力传到另一端后放大了 5 倍，因此这根杠杆的机械利益为 5。而杠杆两端分别向上下移动的距离之比也是 5，也就是说，我们必须将杠杆的施力端下压 1 米，才能将石头从地面抬升 20 厘米。

常用简单机械

根据支点、重物以及作用力的位置不同，杠杆可以分为三类。撬棍和跷跷板的支点位于杠杆中部。坚果钳（两个杠杆共同作用）和独轮手推车的支点位于杠杆的一端，另一端则为施力端，重物位于中部。在第三种杠杆中，如钓鱼竿或者花铲，支点位于杠杆的一端，施力部位位于杠杆的中部，而重物则位于杠杆的远端。

▲ 在这片沙质坑地中，一辆装载机正在将挖出来的沙土装进一台用于清洗、筛分的机器的漏斗里，这台机器会对沙土进行清洗，并清除沙土中的石头及其他碎块，然后经由副传送带将处理后的沙土储存起来。整个过程中会用到大量的简单机械。

▲ 从初学走路的幼儿使用的安全型自行车，到图中赛车手的越野赛专用自行车，所有自行车的结构都是大致相同的，都是在轻型金属框架基础上的多种简单机械的组合体，并靠肌肉的力量提供动力。

▲ 墨西哥石油钻井架上的两名钻井工正在使用机械夹钳连接一根新的钻杆。这种夹钳是一种简单的轮轴机械，用起来就像一个巨大的扳手。

你知道吗？

撬动地球的古人

两千多年前，古希腊科学家、发明家阿基米德曾经说过："给我一个支点，我就能撬动地球。"他正是在向他的学生解释杠杆原理。他说的话是对的，至少在理论上是正确的。不过实践难度可能很大。他需要一根长达数百万千米的坚固的杠杆，一处坚实的地方放置杠杆的支点，还要有另一块坚实的地方供他站立。

我们可以从每天都能见到的一些较大的机器上发现这些简单机械。比如说在自行车上，车把上的杠杆（闸把）用来拉动闸线，而且车闸本身就是一对做钳形运动的杠杆。自行车的动力来自踏板的力量，这是一种轮轴装置，通过链条的传动驱动后轮，以使踏板和车轮向同一方向转动（相互接触的齿轮则朝相反方向转动）。通过选择不同型号的齿轮，自行车手可以改变从踏板传送到车轮的力量，车轮的转速就会随着齿轮之间的传递而提高或下降。

另一种常见的简单机械是滑轮。滑轮是起重机和升降机的主要作业部件。只有一个固定在天花板上、上面绕着一根绳子的滑轮是不能产生任何机械利益的。要想提起 10 千克的重物，我们必须对绳子施加 10 千克的拉力。但是，这种定滑轮确实能够改变拉力的方向，这样我们只要向下拉绳就可以提起重物，这比直接向上提起重物要省力多了。

如果将滑轮组合起来使用，就是滑轮组，情况就会大不相同。借助双滑轮组，我们只要对绳子施加同样是 10 千克的拉力就可以提起 40 千克的重物，不过重物提升的高度却只有我们下拉距离的四分之一，因为在提升过程中滑轮之间的距离缩短了。

液压柱塞是构成起重机和运土机械的重要装置。其原理相当于自行车打气筒的逆向应用，只是油缸里填充的是液体（不可压缩）而非气体（可压缩）。液压泵向液体施压，使液体流经一个阀门进入装有活塞的狭窄的缸内。由于液体不可压缩，因此压力就会集中到活塞上，使活塞在巨大的压力驱动下顺油缸内壁移动。当不再需要施加推力时，阀门开启，液体将流回贮液器，活塞也会回复原位。我们可以在推土机、挖掘机，以及其他重型设备中看到常用的液压装置。

电动机

电动机可以将电能转化为机械动力，从而驱动各种机器。它们有的很小，能安装在手表里，有的很大，能带动火车头。

在我们家里，电动机随处可见，从洗衣机、吸尘器到吹风机和电钻。在工厂里，它们驱动着大型工具和机械运转，同时，它们在汽车里扮演着启动机的角色。

电动机的基本原理：同性磁极相互排斥，异性磁极相互吸引。由此产生的引力和斥力就可以牵引或推动电动机的一些部件。

电动机的核心是条形磁铁周围的磁场，这个磁场是由变化的电流产生的。如果将导线缠绕在一根金属棒上，然后给导线通电，那么这根金属棒就会迅速变成一根有着 N 极和 S 极的电磁铁。N 极和 S 极的位置取决于导线中电流的方向。

▶ 图中是一款大众“甲壳虫”汽车，它是由一台电动机驱动的。汽车每行驶 160 千米左右，电动机的电池就要充一次电。

启动 DC（直流）电动机

要启动一台小型 DC 电动机，比如你曾玩过的玩具火车里的电动机，需要用整流器不断改变电流的方向，这样电磁铁的磁极就可以迅速改变方向，从而迫使电磁铁不停旋转。

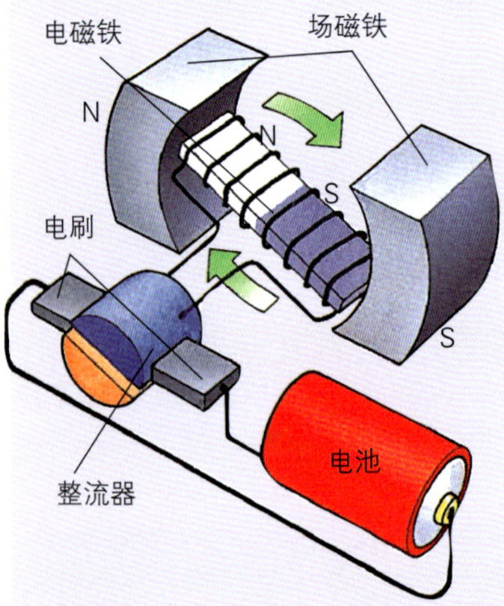

通电

通上电流以后，电磁铁的 N 极就会在斥力的作用下，向远离场磁铁 N 极的方向运动。

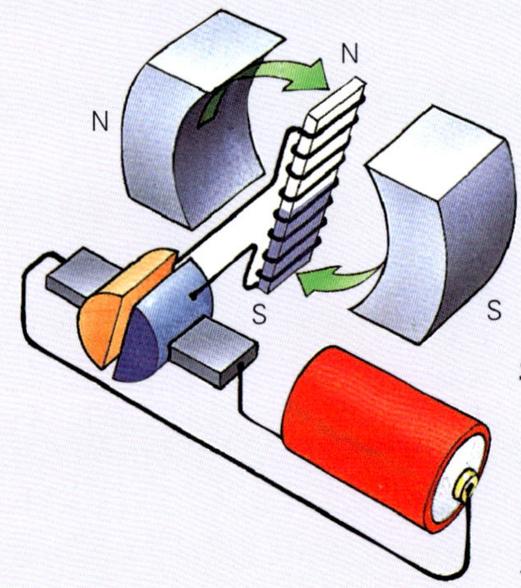

平行

电磁铁持续转动，使它的 N 极运动到场磁铁的 S 极一侧，S 极运动到场磁铁的 N 极一侧。

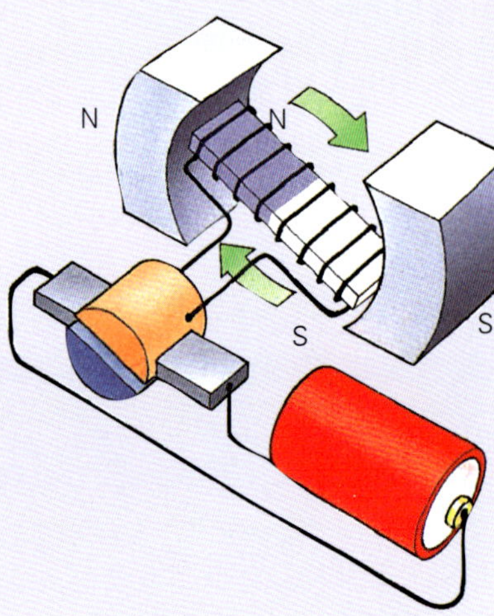

变换磁极

这样，电磁铁就旋转了 180°（半圈）。然后，整流器会改变电流和磁极的方向，使得电磁铁继续完成另一个半圈的旋转。如果不断改变电流的方向，电磁铁就会持续转动。

一台简单的电动机，如一辆玩具火车里的电动机，会同时拥有场磁铁和电磁铁（场磁铁可以是条形磁铁，也可以是电磁铁，但无论如何，它的位置和磁极都要固定不变）。电磁铁被放置在一个中心轴上，这样它就可以轻松转动。如果给电磁铁通电，并不断改变电流的方向，这个中心轴就会在引力或斥力的作用下不停旋转。

根据它们使用的电流的性质，电动机可分为两种。例如，由电池供给能量的 DC 电动机的电流是单向流动的，一个叫作整流器的小型装置控制着电流的开关。而在 AC（交流）电动机中，电流会自动转换方向，转换频率可达 60 次 / 秒。家庭用电大多是交流电。

一台简单的 DC 电动机由三个主要部分组成：场磁铁、电枢和整流器。

简单的 DC 电动机

这是用在火车模型中的简单的 DC 电动机。其中，带有深深的凹槽的驱动装置被连接在中心轴的右端，这个装置可以利用中心轴的旋转来带动车轮运转。

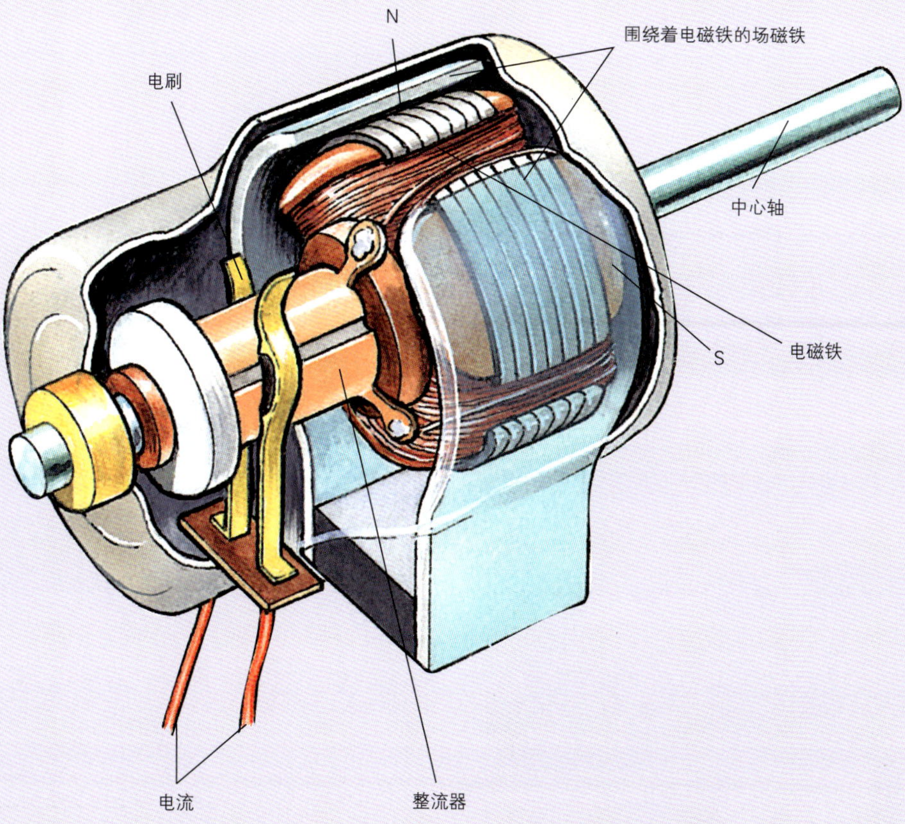

电枢就是旋转的电磁铁，它是由以特定方式缠绕的线圈组成的，这种排列方式可以使电流在不同的位置有不同的流向。电枢被置于中心轴上，这样，当通上电流后，由于同性磁极相互排斥，异性磁极相互吸引，电枢就会开始转动。

整流器可以改变电枢中的电流方向。它是一个短短的金属环，分裂为两个整流子片，都被固定在中心轴的一端。每个整流子片与电枢的不同部分相连。电流通过电刷（这样称呼是因为它像刷子一样扫过整流器）传递至整流器的每个整流子片中。电流从一只电刷流入一个整流子片，从另一只电刷流出。随着电枢和整流器的旋转，另一个整流子片与电刷接触，而这个整流子片与电枢的另一部分相连。这就使电枢的磁极改变方向，从而促使电枢持续旋转。

磁悬浮列车的线性电动机

电磁原理除了可以用在旋转运动中，还可以用在电磁铁沿直线排列的电动机中。磁悬浮列车上使用的就是这种线性电动机。一排电磁铁按次序被交替通电、断电，这样就产生了磁波，可以推动火车前进。电磁力还将火车“抬”离地面，所以它看起来是悬浮在轨道上方的。

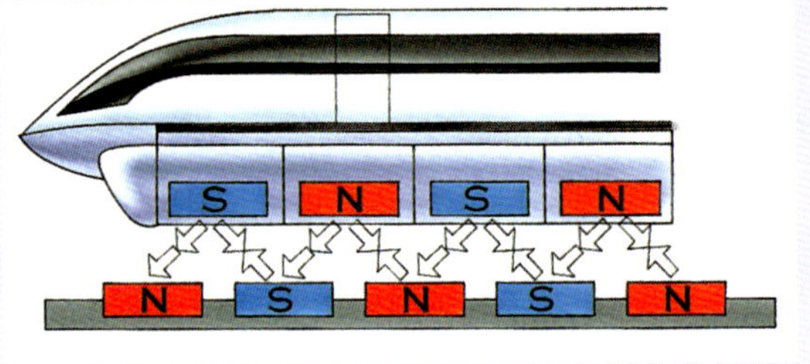

由于交流电自身不断地改变方向，所以AC电动机不需要整流器。AC电动机通常也有电刷，用来将电流输送到运动部件上，但这些电刷一般与一个完整的金属环相连。根据用途不同，AC电动机可以分为很多不同的类型，但是它们的工作原理都是一样的。

▲ 这款“苏格兰飞人”列车模型和所有火车模型一样，利用简单的DC电动机提供动力。

你知道吗？

同步电动机

在同步AC电动机中，中心轴和线圈都能产生各自的磁场。中心轴旋转的速度与电流改变方向的频率成正比。这使它成为驱动时钟指针的理想工具，因为时钟必须以精确的速率运行。

机器人

有些工作对于人类来说太危险、太复杂或者太枯燥了，不过不用担心，现代科技自有解决办法——派机器人去。这种自动化的机器在很多工作中比人类更能胜任。它们可以在危险的环境中做最艰苦的重复性工作，却不知疲倦，也绝不会犯错。

在电视或电影中，机器人是一种由计算机充当“大脑”的机械。其中有一些是巨大的金属人，而且非常邪恶，它们携带着激光枪，妄图征服整个宇宙。另外有一些则非常招人喜爱，就像电影《星球大战》中的R2D2。还有一些看起来特别像人类，几乎看不出什么破绽——它们被称为类人机器人。

在现实生活中，机器人也可以作为人们的服务员或管家，不过在工业生产中，机器人才真正发挥了它们的最大价值。在短短几十年里，它们就彻底改变了工业生产的方式。

机器人有着多种多样的形状、大小和用途，但是它们都有一个共同特征——都是可以自动运行的机器。

工业机器人

在工业上，机器人常常是最强大的工种，它们被固定在地板上，由计算机控制着工作。它们的工作包括焊接、切割、钻孔、拧螺丝、喷漆和包装等。

工业机器人的最典型代表之一是现代汽车工厂里的机器人。当汽车底盘和车身沿着装配线传动的时候，巨型的机器焊接工就开始了热火朝天的“劳动”。它们由液压油缸和电动机提供动力，由计算机控制着工作。随着钳子般的电极的闭合，机器人的手臂以极高的精确度伸入车体的上方、底部和内部，在四溅的火花中将各个零件点焊起来，然后再次打开电极，继续下一次焊接。

激光束可以在各个阶段检查汽车的尺寸和形状，如果发现了问题，计算机就会向操作人员发出警报，这样在汽车进入下一个流程之前错误就可以得到纠正。大多数要求高精度的任务，

▲ 这张多重曝光的照片向我们展示了一个由计算机控制的工业机器人，它正在对汽车排气管的内部进行电弧焊接。这是一台多功能的机器，可以被改装去从事各种不同的工作，包括电焊、钻孔、塑形，以及整理和组装零件。

▲ 6米高的“火星漫步者”是用在火星上的探测机器人。它是一个半自动化的机器人，当遇到某种危险，如跌倒或撞到障碍物时，它身上的传感器会命令它止步，然后等待来自地球上的控制者的指令。

如安装汽车配线和复杂的机械零件都需要由人工来完成，但是在流水线的末端——喷漆室里，机器人会再次接手工作，因为油漆的雾滴很难闻，而且危害人体健康。

装配机器人也被用于要求高精度的精密工作中，如装配电脑和电器的印刷电路板（PCB）。单层印刷电路板所需要的不同电子元件信息以二进制代码的形式储存起来，然后由计算机操纵的传输器和门电路按正确的顺序对其进行挑选并送入机械手。PCB被钳子固定在一个可以高速、高精度前后移动并旋转的框架中，这样在机械手下降时，它就可以准确地将零件放入电路板中，随后下一块电路板又会自动移动到机械手的下方。

这种类型的装配设备比人类的工作效率要高得多，而且还不会像人类一样出现肌肉疲劳、眼睛疲劳或精力不集中的现象。

为机械手写计算机程序是非常复杂的工作。但是如果只是给机械手一些基本的指令，并教它们如何移动，就简单多了。让一个人扶着机械手，指导它完成全部的动作，这时计算机就会将整个过程存储下来。之后，机械手就可以自己重复这些动作。

自控装置

最简单的机器人只能重复执行一组连续动作。例如，一个机械手正在从传送带上拿起一个玩具并将它放入盒子中，这时，盒子却掉离了生产线，但是机器人不会理会这个意外，它会继续将玩具放在盒子原来所处的位置。

◀ 迪士尼乐园的机器人为美国犹他州立大学微观机械学的研究员提供了理想的科研项目。越来越小的发动机和传动装置不断被开发出来，而图中科学家手里拿着的这种硅微电路则足以取代数百米的电线。

在某些情况下，这样的一点损耗无足轻重，但是如果流水线上的是昂贵的或精密的零件，那就马虎不得了。因此大多数机器人都装配有传感器。这个传感器会检查工作部件和机械手上的工具的位置，只有当二者都处于正确位置时机器人才会执行操作。如果位置不对，计算机就会使用来自传感器的数据，通过移动机械手来修正。这些数据叫作反馈。传感器可以是一个灵敏的弹簧臂，通过接触工作部件来检查其位置，也可以是一个使用反射激光束的光学系统。如果工作部件是精密易碎的零件，那么机械手还会装上压力感应器来调节抓握的力度，以免零件掉落或挤碎。

机器人在行动

不是所有的机器人都静止在一个地方工作。已经有机器人登上月球去探索月球的表面了，而机器人航天器拍摄到了许多遥远星球的照片。在工厂里，机器人可以搬着货物沿喷绘出的路线行走。如果它们不小心碰到了什么，特殊的缓冲装置会阻止它们继续前进。现在机器人公共汽车和机器人火车已经开始用于公共交通系统了，但是大多数情况下，有一个人类驾驶员来监控会更加安全。

危险地带的机器人

机器人也被用在一些比较危险的环境中，它们的机械手可以像人手一样进行操作。例如，那些以细菌和病毒为实验对象的科学家会将实验限制在一个有玻璃墙壁的密闭房间里进行，然后自己在一个安全的距离通过操纵机械手去处理样品和实验器材。

同样的方法也被那些处理放射性物质的研究者所使用，更大、更有力的机械手常被用来处理核电站内部的燃料棒。例行的检查、养护和维修则由履带上的小型机器人来完成，它们的动作在远程监控摄影机的指导下进行。

公安机关或军队的排爆部门会使用一种类似的装置来检查可疑的车辆和包裹。他们让机器人推动目标，同时让可调整方向的摄像机对其进行检查，如果有必要检查底部的话则会使用镜子。改装过的短程枪则可以用来瞄准并射击汽车的防护罩，使之爆裂，或是引爆一个可疑包裹——所有这些都是在安全距离内操作的。此外，机器人的其他用途还包括检查和清洁肮脏的下水道和输油管内壁，以及维修深海石油钻井平台等。

激光

大约在 1960 年，美国人希尔多·梅曼发明了激光器，成为科学史上的一件盛事。现在，激光在我们的日常生活中，从 CD 唱机到医院，从工厂到建筑工地，几乎无处不在。

激光和硅片一样，也是现代科技史上的一项伟大发明。虽然它只是一束光线，但却能够切割钢铁，完成精巧的眼科手术，引导炸弹轰炸目标，或者同时传送成千上万的电话。那么，激光为什么具有这样大的魔力呢?

激光是什么

在英文单词中，激光（laser）是一个缩写词。它是由命名它，或者描述它的英文单词的首写字母组合成的一个词——L（Light 光）、A（Amplification 放大）、S（Stimulated 受激）、E（Emission 发射）、R（Radiation 辐射），即受激发射光放大。

从太阳和电灯上发射出来的普通光线，是由许多不同波长（不同颜色）的光组成的。所有的光波，彼此的步调都不一致，并且是向各个方向传播的。激光之所以特殊，是因为它完全由单一的纯色光波组成，而且光波的步调一致，都精确地朝同一个方向传播。比起普通的光波，激光的能量级别更高。

因此，激光产生的光束亮度很高，但光线也极窄，以至于一束瞄准大约 40 万千米外的月球的激光，展开后的光斑也仅有 1.6 千米宽。

激光可以通过许多不同的物质产生。一些是由纯固体材料产生的，如天然水晶和各种类型的玻璃；一些是由液体产生的，为了产生一些有特殊颜色的光线，通常还伴有化学染料；还有一些是由气体产生的，如装在一只玻璃管中的氦、氖或二氧化碳。

激光虽然可以由不同的物质产生，但工作原理都是类似的。能量由一道亮光或电流脉冲导入激光器中。这为放置在激光器中的物质的原子提供了额外的能量，但也导致了它们的不稳定。它们很难使自身保持在高能量状态中，所以会重新释放出光子。当其中一个光子撞上邻近的处

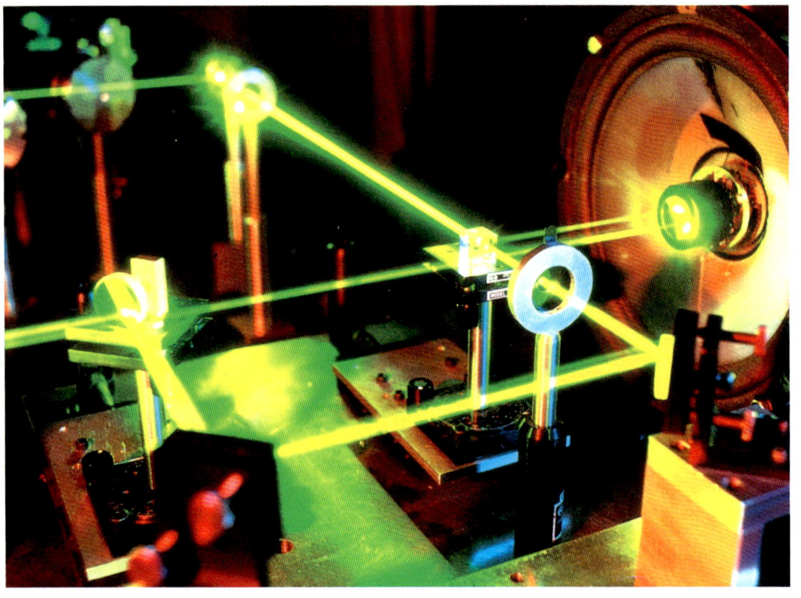

▲ 在一个研究室的光具座上，正在测试一束钇铝深红色激光，这束激光经过了染色、过滤和镜面折射。

▲ 位于英格兰赫斯特蒙苏的卫星激光测距望远镜，正在向一颗卫星发射激光，测定卫星的位置。

▲ 现在，激光效果是大部分摇滚音乐会不可缺少的组成部分。图中是一场音乐荒诞剧的场景。

于高能量状态中的原子时，那个原子也会被触发并释放出光子，这样，光子连续释放就会形成链式反应。这就是所谓的受激发射。

这种反应的特殊之处在于，每个原子释放的光的波长与触发它的光的波长都是一样的，运动的方向也是一样的。在每个激光“枪”的水晶或气体管的两端，都装有镜子。一端的镜子能把照射在它上面的光线 100% 地反射回去，另一端的镜子则只能反射大约 95% 的光线。根据激光的类型，它们既可以是连续的光线，也可以是一系列密集的脉冲光线。和普通光线一样，可以利用镜子、棱镜，或者通过透镜聚焦，改变激光束的方向。

你知道吗？

看不见的力量

由于激光具有很高的能量，所以很多人都认为我们能看见激光。其实，并非所有的激光都看得见，有一些激光是看不见的，它们来自电磁光中看不见的部分，如红外线和紫外线。

激光的用途

不同类型的激光可以通过调整产生不同的能量水平，做不同的工作。例如，红宝石激光被广泛用在工

◀ 为了制作一张CD的母盘，激光束要以不可思议的速度不停开合，才能在特殊的塑料层上"写下"某种音符式样的硬点。

▲ 这是工业气体激光器的放电管。气体在高电压的作用下会产生光束，用来切割金属。

厂里作为切割工具。红宝石激光通过一根光管获取能量，而这根光管通常被缠绕在红宝石晶体的周围。光管每一次闪烁，都能触发脉冲被增大的激光。这种热量如此巨大，以至于一次激光脉冲就能穿透2毫米厚的钢铁。这种激光只能通过脉冲的形式工作，因为红宝石的温度太高，不能连续操作。而其他的水晶激光器则能产生连续的激光束。

稍微不同的固体激光器是二极管（半导体）激光器，它通常由砷化镓组成。这种激光器小巧、高效，通常被用在光盘（CD）唱机、超市条形码扫描仪以及打印机中，并被用于光纤传输电话和电视信号系统中。

气体激光器也能产生高热量，如二氧化碳激光器，它被广泛用在工厂中进行切割、钻孔以及焊接金属板。其他类型的气体激光器被用来测量机械装置和医疗。有一种测量工具能利用激光束来探测和测量地面的凸起和凹陷，然后对一辆平整地面的巨型铲土机进行定位指示。

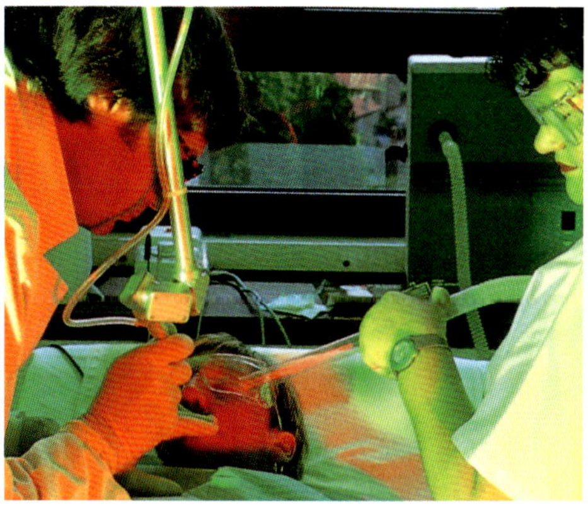

▲ 消除胎痣是激光应用于医疗中的一个典型例子。光束可以像解剖刀一样对人体上的胎痣进行切割，还可以代替针线缝合人体组织。

气体激光器

在这个氦氖激光器中，混合气体被通过的电流触发，然后由光子发射的“雪崩效应”产生出激光束。

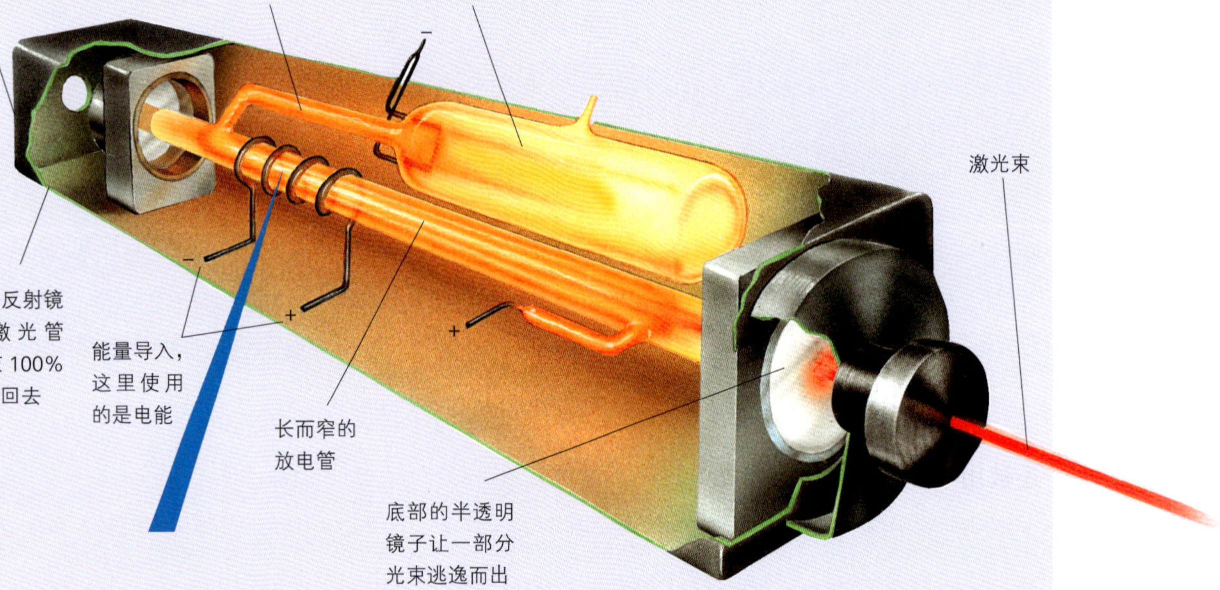

激光如何被激发

要让光子层叠并产生激光，首先必须将激光物质中原子的能量级别提高，这被称为激发态（受激态）。在一些激光器中，原子会被突发的强光激发；而在另一些激光器中（如下图），是靠电流通过被绕在放电管上的线圈来激发的。

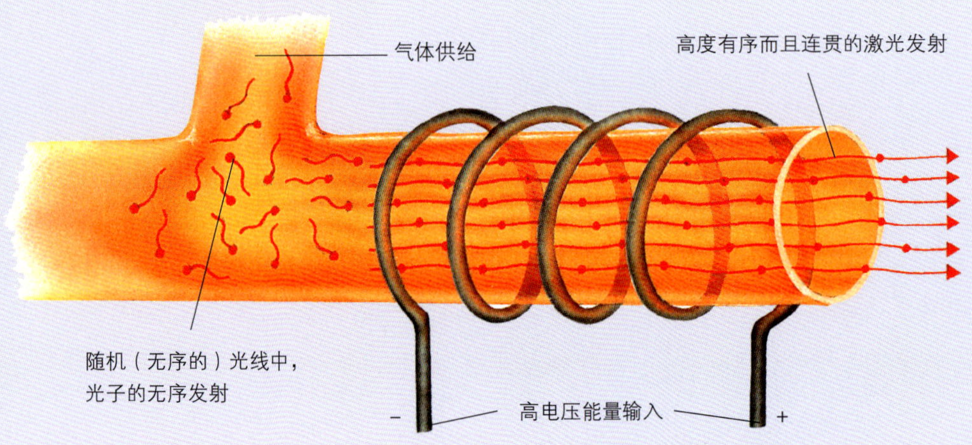

外科医生经常使用氩气激光来实施高精微度的手术，如连接眼睛内脱落的视网膜（眼后部的光敏层），或者去除耳朵内部增生的骨质。液体激光器更特殊，主要用于不同物质分子结构的科学研究中。2008 年，法国神经外科科学家使用广导纤维激光和微创手术技术成功治疗了脑瘤，这是激光在医学应用中的又一重大突破。如今的激光还被广泛应用于牙科、医学美容等领域。

激光也被用于许多现代武器中，从测距仪、步枪瞄准器、坦克炮，到导弹和炸弹的制导系统，其中有一些还被用于 1991 年的海湾战争中，并造成了毁灭性的后果。2010 年，美国国家核安全管理局表示，通过使用 192 束激光来束缚核聚变的反应原料——氢的同位素氘和氚，解决了核聚变的一个关键难点。

大开眼界

燃烧的光

当一束激光聚焦在一个直径不到 0.0025 毫米的点时，这个点上的温度可以达到 5500 摄氏度，仅比太阳表面的温度低 500 摄氏度！在这种水平的能量下，要整齐地切割一块钢简直是轻而易举。

2008 年，美国得克萨斯州大学的科学家研制出世界上功率最强大的可操作激光，这种激光每万亿分之一秒产生的能量是美国所有发电厂发电量的两千倍，输出功率超过 1 皮瓦——相当于 10 的 15 次方瓦，其巨大的能量可以模拟核爆炸，或者一颗结构密集的地外恒星的爆炸。

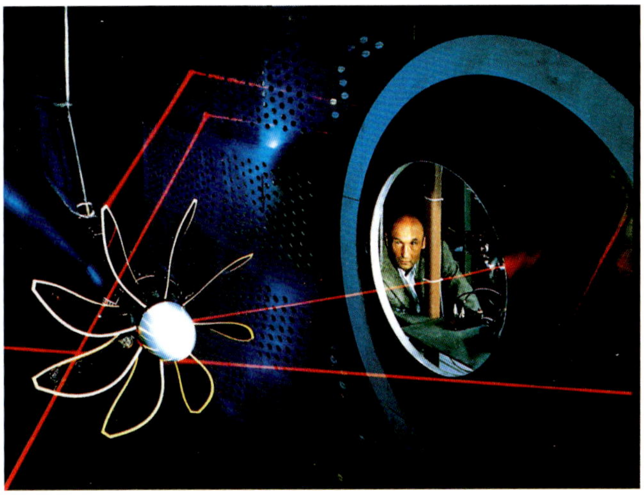

▲ 这个激光器能够准确测量一个放在超声速风洞中，正在运转的有 8 张叶片的螺旋桨喷气引擎模型。

科学事实还是科学幻想

多年来，在一些科幻书籍和电影中，都出现过“死光”的概念。在 20 世纪 80 年代，由于美国总统里根实施战略防御计划（星球大战），人们对于“死光”的设想向现实迈进了一步。这也是冷战（第二次世界大战结束后，美国和苏联的长期对峙时期）的产物。当时，美国战略防御计划的目的是保护美国免受苏联核弹的袭击，并通过人造卫星形成保护伞，提前发现入侵的火箭，然后用新一代的高能量激光武器摧毁它们。这些激光武器可以与地面上的发射火箭配合，共同打击敌方的导弹。

但是，这个计划由于开支巨大，并没得到很多美国政治家的支持，并且还因为“在没有学会走路前就想学跑”而受到指责，因为在这项计划中，大多数的技术都需要进行多年的研发才能实现。最后，这项计划由于冷战结束而被放弃，并在 1988 年左右，被证实需要的成本是不可能实现的。

电力工具

对很多人来说，电力工具就意味着一个电钻，其实这是一个专业的、可以由自己动手操作的多用途工具家族。从切割木材、金属加工成形，到剥落油漆、将铺路板切割成形等，都可以用上这个工具家族中的成员。

与传统手动工具相比，电力工具有两个巨大优势。用它们干活速度快，使用者也不会感到费力气。例如，钻一个洞或者将一块木板刨平，做这种简单工作时，使用电力工具除了能让生活变得简单，或许并不比习惯使用手动工具的人做得更好。但是，对于像制作家具这种需要技巧的活儿，或者像用砂纸打磨旧地板，切凿巨大的墙壁、地板或天花板这样的重活，电力工具的优势就显现出来了。

方便的电钻

带有电源线的电钻的额定功率由它们的电机功率决定。在一般情况下，干轻活的时候需要 400 瓦，干重活或频繁使用的时候需要 700 瓦。对于木头和塑料这样的软材料，通常使用大钻头，钻头用平均 2200 转 / 分钟的慢速；对于石材和金属，通常使用小钻头，钻头用 3000 转 / 分钟的转速。如今，多数钻头都有振动锤的功能，这对于石材或混凝土非常有效。

▲ 竖锯可以用于切割木材、金属和塑料，它们虽然不如圆锯那么强劲有力，但是它们除了可以笔直地进行垂直和倾斜切割外，还可以沿着复杂的曲线加工装饰用的木制品。

许多最新的可变速电钻，钻头的速度在 0 和最大之间可以任意选择。这使得它们适合任何一种工作任务。甚至当你把电钻作为螺丝刀使用时，还能调整到需要的最慢速度。这些小机器都有反转齿轮，不但能钻进螺丝，还能将

指尖的动力

这种现代化的电钻——由德国的罗伯特·博世（Robert Bosch）有限公司制造，拿在手上既轻便又舒适。它的所有主要控制开关都布置在手指可以控制的地方。因此，在使用时，不需要换手，即使只用一只手或戴着手套，也能方便地操作。

电机和风扇

平稳的动力通过一台振动很小的精密平衡的电动机传递。它依靠一台风扇冷却，风扇产生的声音频率超出人耳的听力范围。在机器内部被仔细设计的气流通道，减小了由于气流冲击产生的高频率声音。

妥当的配合

主把手的轻微弯曲适合手握的自然形状。需要加大压力时，可以将把手移得更高，移动到上部凹槽，压力被直接作用到电钻工作的方向上和钻头上。

钻头

标准的螺旋钻头有两道切削边缘和两道分开的凹槽，可以将孔洞中的切削物带出来。

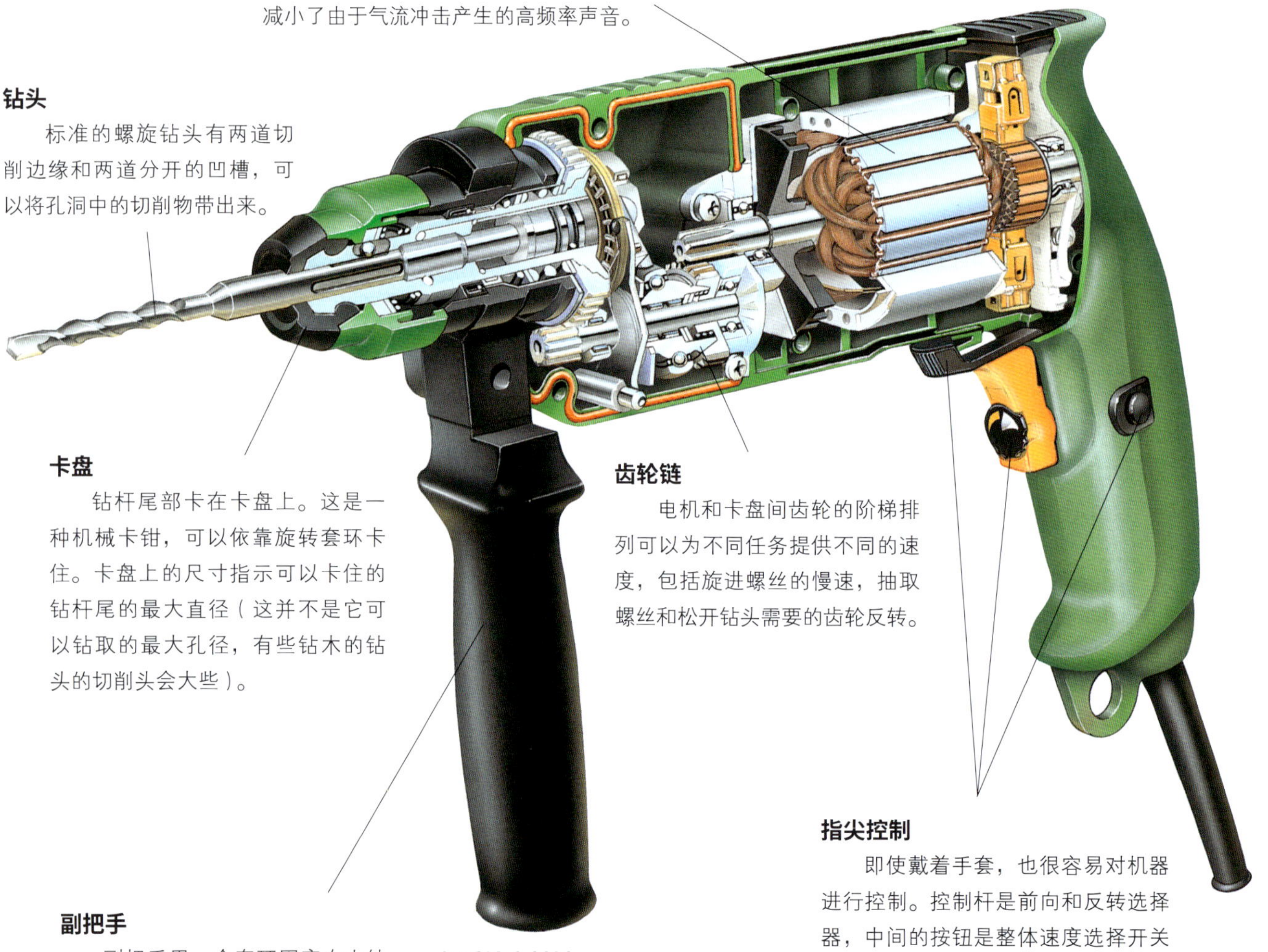

卡盘

钻杆尾部卡在卡盘上。这是一种机械卡钳，可以依靠旋转套环卡住。卡盘上的尺寸指示可以卡住的钻杆尾的最大直径（这并不是它可以钻取的最大孔径，有些钻木的钻头的切削头会大些）。

齿轮链

电机和卡盘间齿轮的阶梯排列可以为不同任务提供不同的速度，包括旋进螺丝的慢速，抽取螺丝和松开钻头需要的齿轮反转。

指尖控制

即使戴着手套，也很容易对机器进行控制。控制杆是前向和反转选择器，中间的按钮是整体速度选择开关扳机，它们都用食指操作。用拇指控制把手侧面的锁定按钮。

副把手

副把手用一个套环固定在电钻上，可以旋转到任何位置。当钻头工作时，把手用来固定电钻，并吸收所有的扭矩（扭曲的力量）。大多数副把手用来存放备用钻头。

轻质填充材料

模制的电钻机身是玻璃硬化聚酰胺塑料，这种材料坚硬、不易破损、重量只相当于铝的一半，是一种很好的电绝缘体和热的不良导体。

螺丝拽出来。

还有一些不需要使用电线的电钻，它们依靠电池来驱动。电池被封装在电钻的把手底部，功率由电压来确定。较轻的电钻的电压约 6 伏，较重的电钻的电压能达到 12 伏左右。与有线电钻相比，无线电钻的转速慢。大多数无线电钻的最大速度都不能超过 1400 转 / 分钟。因此，它们只适用于轻活。它的好处是：即使频繁地使用，但在一个电池包用完后，可以充电。无线电动螺丝刀是另一种便捷工具，在难以用有线电力工具的地方，它们显得非常有用。

▲ 这种简单的无线电钻通常相当于家用的螺丝刀，可变速度选择和扭矩控制装置，可以控制螺丝的深度，从而使完工的家具表面看起来整洁、光滑。

其他电力工具

竖锯是一种轻型电动锯，可以切割垂直线、曲线，或者进行有角度的切割。某些机型还有电子反馈系统，可以自动调整电动机的功率，即使材料的硬度改变也能提供稳定的锯速。

圆锯适合长程切割或与木纹呈垂直角度的切割（竖切和横切），也适用于塑料和复合材料。角向磨光机有一个切割盘，盘上沾满坚硬的研磨颗粒，如金刚砂、氧化铝甚至金刚石。一些切割盘由研磨颗粒与黏土混合制成，再加热使其转化为一种坚硬的、像玻璃一样的物质。这种机器适合切割金属、石材、混凝土、瓷砖和砖块等。刳刨机是一种多用途的木材切割与成形工具，主要用于制作装饰边和模具，开槽和凹凸图案以及制作接头。刨机用于刨削加工件的木材薄层，要么将材料修整到正确尺寸，要么平整材料表面等。磨砂机也用于新旧木材的平整、磨光。墙纸和油漆剥离器以完全不同的原理工作。它们向粘贴墙纸的平板背面的狭窄缝隙中喷入蒸汽。蒸汽渗透墙纸、软化黏合剂，墙纸很容易被剥下来，而不会损坏下面的灰泥。

起重机

杠杆、滑轮、螺旋千斤顶和液压升降机都可以“放大”力以及改变力的方向。工业部门使用的重型起重机，都是基于这种简单的机械装置进行工作的。

在建筑工地、船坞和工厂总能看到大型起重机的身影，令人过目难忘。其实，把我们在房间、车库或是车间里看到的简单机械按比例放大后，就是某种大型起重设备。比如，那些矗立在建筑工地上，或是能把机车举起来放到转向架上的大型起重机，都是利用滑轮系统工作的，而这种滑轮系统与我们升降晾衣架和剧院幕布时所使用的滑轮系统并没有太大的区别。能把汽车或是卡车举起并放到检修平台上的液压升降机，与汽车刹车时使用的液压活塞非常相似，只不过型号更大而已。

吊运起重机、桅杆起重机和升降机

吊运起重机、桅杆起重机和升降机都是最常见的起重机械，它们的吊挂系统通常都包括钢丝绳和滑轮组。钢丝绳的一端绕过滑轮，另一端缠绕在卷筒上，绞盘电机驱动卷筒便能控制钢丝绳的收放。有的起重机的吊挂系统非常简单：钢丝绳只绕过单个滑轮，并且只有一个吊钩。由于单个滑轮只能改变拉力的方向，不能把拉力放大，所以配有这种装置的起重机只能举起重量较轻的物体。

重型起重机通常有两个滑轮组，其中一个滑轮组固定在起重机的吊臂上，另一个滑轮组放置在吊钩上方。每个滑轮组都由若干个滑轮组成，这些滑轮又被称为槽轮。钢丝绳的一端缠绕在卷筒上，另一端首先绕过顶端滑轮组中的第一个槽轮，然后向下绕过下方滑轮组中的第一个槽轮，

你知道吗？

最需要起重机的人

埃及的大金字塔由 200 多万块石头接叠而成，平均每块石头重 2 吨多。这座金字塔高约 147 米，完全依靠人力建成。这些大石头是工人们沿着斜坡拉上去的。在斜坡上面铺有圆木，能够减少石头前进的阻力。

▲ 这是一台流动式起重机，它正在搬运一辆满载货物的货运拖车。这种起重机使用起来比较灵活、方便。

▲ 这种起重机适合在狭窄的街道上工作。它的主吊臂能够自由伸缩，起重臂和工作平台都由液压装置控制。

滑轮的力量

可以把若干个滑轮组合起来使用，这样在提升重物时就会省很多力。利用滑轮还可以改变力的方向，毕竟向下用力要比向上用力容易得多。

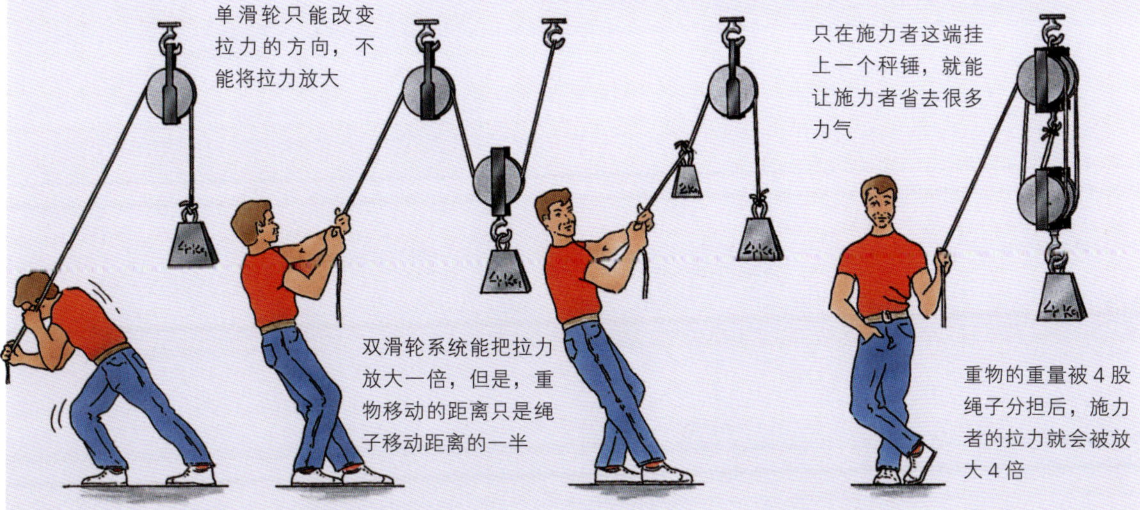

接着绳子向上绕过顶端滑轮组中的第二个槽轮，之后再向下绕过下方滑轮组中的第二个槽轮，如此往复，直到钢丝绳绕过每一个槽轮。钢丝绳的末端必须固定在顶端滑轮组上。

对大型起重机来说，每个滑轮组都有 6 个槽轮，这样就有 12 股钢丝绳来承受货物的重量。这便是起重机力量的来源。钢丝绳的股数越多，起重机的力量就越大。如果有 4 股钢丝绳，那么绞盘电机所产生的拉力就会被放大 4 倍，而货物每抬升 1 米，钢丝绳就会被卷进 4 米。如果有 12 股钢丝绳，拉力就会被放大 12 倍，而货物每抬升 1 米，钢丝绳就会被卷进 12 米。

起重机不仅能提升货物，还能运送货物。塔式起重机由一个垂直放置的塔架和一个水平放

▼ 这是一台剪刀式升降机，当维修人员维护和检修电气化铁路上方的高压供电电缆时，这台机器能为他们提供升降平台。

▲ 这是一种专门用于装卸集装箱的起重机，它能把沉重的集装箱从卡车上运移到火车货箱里。

置的吊臂组成。顶端滑轮组没有固定在吊臂上，而是悬挂在一个可以沿着吊臂来回移动的小车上，这样货物就能前后移动（沿着吊臂）。这种起重机的吊臂还能绕旋转轴做圆周运动，非常灵活。因此，一个大型建筑工地只需配备两三台塔式起重机，就能把建筑材料运送到工地的每一个角落。

▼ 液压升降机能把机车从转向架上举起来，以方便维修人员对机车进行日常的检修工作。

◀ 一些超大型的起重机主要用于海上作业。图中这艘起重船正将一个重达2800吨的甲板部件吊装到一个天然气钻井平台上。

大开眼界

急转弯

许多由四轮驱动的流动式起重机只能用前轮转向，回转圆大约为 11 米（包括吊臂旋转时所需要的空间）；而同样大小、装有四轮转向装置（后轮与前轮反方向转向）的起重机，回转圆仅为 8 米。

小实验

感受滑轮的力量

我们可以利用图中这些简单的物件进行滑轮实验。

试试几种不同的滑轮组合。拉动一些具有标准重量的物件（如 5 枚同样大小的硬币），然后估算一下自己使用了多大的拉力；或者拉动“吊篮”（如火柴盒），并把硬币当作砝码来获得更为精确的结果。

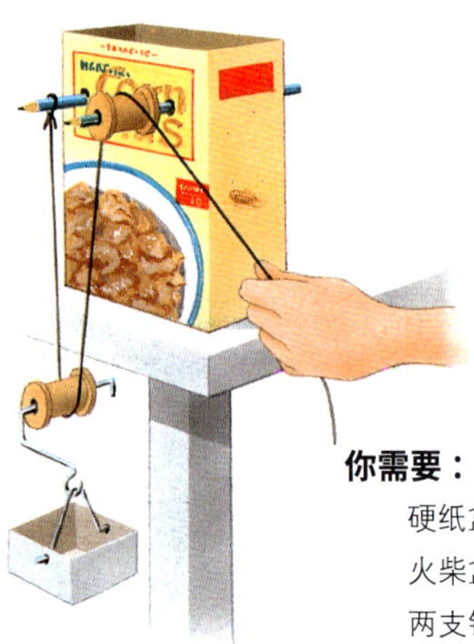

你需要：

硬纸盒
火柴盒（吊篮）
两支铅笔
卷轴
铁丝
细线

龙门起重机的每个滑轮组中都有多个槽轮，因此被广泛用于重工业。例如，在金属铸造厂里，龙门起重机能把装满金属溶液的浇桶从熔炉里移出来，并运送到模具车间；它还能把机车引擎放置到机车底盘上。

在大型建筑工地上，塔式起重机最为常见。由于体积庞大，运输时需要把它们拆分成若干个单元，等所有部件全部运送到工地后再组装成整机，之后它们便一直矗立在工地上，直到工程结束。流动式起重机主要用于一些小型工程和快速起重工作，通常由 4 轮、6 轮和 8 轮驱动，起重能力为 12 ～ 50 吨。由 14 轮驱动的流动式起重机，其起重能力最大为 120 吨，提升高度最大为 70 米。罗森克朗茨公司生产的 K10001 型流动式起重机，提升高度最大，它能把 30 吨的货物提升到 160 米！

桅杆起重机与吊运起重机很相似，不同的是，它通常被用来提升货物，而很少运送货物。如果运送货物，通常情况下需要额外增设几根钢丝绳。桅杆起重机被广泛应用于码头，主要用来装卸货物。

升降机更加专业化，它们只被用来提升货物，看上去更像电梯而不像起重机。升降机通常被安装在正在施工的建筑物外侧，它们能把建筑材料由地面运送到高处。

杠杆系统和液压装置

如果在短距离内反复提升货物，就需要使用杠杆系统和液压装置。这两种机械设备都能将重物自下而上地提升。人们最为熟悉的剪刀

▲ 这是一个位于城市中心的建筑工地，工地上矗立着4台塔式起重机，它们能把建筑材料运送到工地的每一个角落。

式升降机就采用了杠杆系统。在高空检修电线时，这种起重设备能为维修人员提供升降平台，它们还能把集装箱提升到飞机的货舱口处。剪刀臂是由电动机驱动齿轮齿条装置进行工作的。此外，电缆或者液压升降机也能带动剪刀臂工作。

液压装置是功能最为强大、使用最为广泛的起重装置之一。它的工作原理是：密闭液体能传递加在它上面的压强，且传递的压强大小不变。液压机由两个液缸组成，每个液缸都有一个密封性能很好的活塞，也可以用一根活塞管将两个活塞连在一起。在液缸的内部充满了液压机液体，这种液体能传递压强，但不会被压缩。

活塞管两端管口的直径尺寸大小不一。尺寸小的一端安装在液压机的入口处，尺寸大的一端安装在出口处。假如有10千克的力施加在入口处面积为1平方厘米的圆柱活塞上，那么出口处面积为10平方厘米的圆柱活塞（能够上下移动）就会产生100千克的举升力。对所有能“放大”力的机械装置来说，一个相对较小的力经过一段相对较远的距离后，可以转化成一个相对较大的力，但是它的传递距离却会相应缩短。例如，在液压机中，出口处的活塞每移动1厘米，入口处的活塞就要移动10厘米。

旅客运输系统

如果你想乘电梯到日本横滨296米高的地标高塔上去，最好不要在饱腹的状态下去。因为地标高塔内的电梯在40秒内，就能把乘客从第2层送到第69层——这足以使你胃下垂。

不用爬楼梯，直接把人从一层楼运到另一层楼的机械设备，是机械时代的产物。公元前230年，阿基米德发明了用一根绳子和滑轮装置把人运到高处的“一人电梯”，但在古代的房子里却没有电梯。今天，在办公楼、公寓楼、机场和商店中很普通的“乘客传送装置”，和那些能够把人运送到滑雪坡顶的机械装置，都在这个属于电动车、摩天大楼、百货商场和观光旅游的时代，得到了迅速发展。

垂直升降式电梯

升降式电梯主要有两种：牵引式电梯和水压式电梯；前者靠钢缆升降，后者靠油泵升降。在这两种电梯中，轿厢都在垂直的钢导向轨上运行，并有自动刹车系统（1854年，美国发明家伊莱沙·格雷夫斯·奥蒂斯进行首次示范）。如果钢缆突然折断，或者液压突然丧失，使用刹车装置能将轿厢夹在钢轨上。许多电梯有双层门，一层门装在轿厢上，另一层门装在电梯通风井的墙壁上，以确保绝对安全。

在一部典型的牵引式电梯中，一台电动机驱动钢缆，绕过滑轮或滚筒，从轿厢的顶部一直延伸到通风井的顶端。钢缆另一端系着一个平衡物，平衡物靠着电梯在自己的导向轨上上下移动。平衡物的重量通常等于轿厢重量加上乘客最大载重量的一半，这使电梯的电动机的做功减到最小。

液压式电梯大多用于低楼层建筑，这些建筑一般最多6层。在电梯下面，有一个活塞式汽缸垂直入地面。要使轿厢上升，油被泵进到汽缸底部，迫使活塞（电梯）上升；要使轿厢下降，控制阀打开，油流回到贮油池中，准备被再次利用。

牵引式电梯

典型的牵引式电梯，是靠电动机直接（或通过减速齿轮）在滚筒上缠绕钢缆带动的。

缆绳系统

为了安全和牢靠，大多数电梯的轿厢都有 12 条或者更多的由坚固的金属丝缠绕的绳子。

平衡物

平衡物往下坠时，电梯上升，并能帮助减少电动机的拉力。它的工作原理和索道一样。

双层门

为了安全，一层门装在轿厢上，另一层门装在电梯的通风井的墙上。传感器会确保当两层门都正确叠合在一起后，才会打开。

自动控制

为了防止发生故障，现代电梯的内部都有可供乘客操作的控制按钮，以及自动警报系统。

▲ 在德国慕尼黑机场，自动人行道正在紧张地高速运行。这种传送带能高效、迅速地输送大批人流。

移动楼梯和“会走的路”

为了能在短短的垂直距离内移动大量人流，如大商场的楼层之间，或者地铁的站台和宽阔的大街之间，就要用到电动扶梯（自动扶梯）。首次被投入使用的最简单的电动扶梯，是美国人杰斯·雷诺在 1897 年发明的，它有一个巨大的倾斜传送带，以及可供乘客站立的楔形支架。几年后，第一台台阶能够自动水平的现代自动扶梯出现了。这两种扶梯的专利权都被以利沙·奥丁斯买了下来，他的公司至今仍然是最主要的“乘客输送机械”的生产厂商之一。最大的现代自动扶梯能在 1 小时内运送 9000 人，香港的中环至半山自动扶梯是目前世界上最长的户外有顶自动扶梯，长 800 米，垂直差距为 135 米。自动人行道被广泛用于机场这样的地方。因为在这些地方，有大量携带行李的人，他们需要尽可能快地走很长一段路程。

▲ 像许多现代场所一样，新加坡幸运广场上的购物大厦，利用有特色的自动扶梯来吸引顾客。

楼梯升降机和椅子升降机

在电梯的设计和技术方面，最有益人类的进展之一，是为老人和残疾人设计的紧凑式家用电梯。最普通的一种是：在普通楼梯的一侧安装导轨，一个电动折叠座椅可以在导轨上上下移动。较大一些的楼梯升降装置还可以装载轮椅，它们在休闲中心、现代化的图书馆，以及其他一些公共建筑中越来越普及。

索道和缆车

索道是在陡坡上靠绳子或缆绳牵引移动的列车。最早的索道出现在矿区中，人们用它把煤从山腹深坑中，运到山谷底部的运河或河道中。人们使用一种双轨道系统，装满货物的车厢沿轨道向下运动，牵引另一轨道上的空车厢返回山上。现代化的索道也在山区为游客服务。为了避免与滑轮过多地摩擦，弯曲的路线被分割成一系列短的、直的跨度。此外，缆车也成为多数滑雪胜地的一大特色。从能容纳 100 人的车厢，到只有两人座的露天椅子，它们由缆绳悬挂在离山坡很高的空中。从山脚开始，吊索通过一根“T”形棒“钩”住人们的大腿部位，然后把他们和雪橇一起拉上山。

▲ 这辆缆车在瑞士的阿尔卑斯山上运送乘客。车厢悬挂在支柱下，支柱靠轮子在固定的缆绳上运行，其他缆绳拖动车厢移动。车厢通过机械钳子系在牵引缆绳上，到山顶会自动松开。

隧道挖掘机

有史以来，在那些被人们建造出来的令人印象深刻的可移动机械中，隧道挖掘机就是其中一种。世界上曾经被用来帮助修筑铁路和英吉利海峡的最大的隧道挖掘机，直径长达 9 米，重约 1575 吨。

为了开凿英吉利海峡的海底隧道，当时的人们制造了 11 台巨型的隧道挖掘机。其中 6 台隧道挖掘机分别在英吉利海峡的两侧挖凿铁路和服务性隧道。另外 3 台从英国境内的海峡岸边区域开始挖掘，其余 2 台用于开凿法国境内的部分。在主隧道即将接合并打通之时，英国的隧道挖掘机的钻头却向下挖，被永远埋在了地下。法国的隧道挖掘机越过它们，完成了最后的连接工作。

隧道挖掘机是工程史上的奇迹。在它那转动的钻头上，镶嵌着用坚硬的合金（碳化钨）制成的“牙齿”，在一个月内，能凿穿长约 1000 多米的白垩岩石。通过威力强大的液压油缸，在坚硬的岩石中，钻头能够不断地朝前推进。与此同时，整个隧道挖掘机又在另外一组液压油缸

沿着海峡的隧道两侧，可以看到激光的红色细线。光束从拴在隧道墙上的金属板的小孔中穿过。

海底隧道中的挖掘机

这个巨型的隧道挖掘机，是在英国的苏格兰和切斯特菲尔德的工厂里订购的。它们当初是以零部件的方式被运送出来的。它们被放置在工地上宽敞的进出口中，被运送到地下深处的装配间里，并在那里把这些零部件焊接起来。

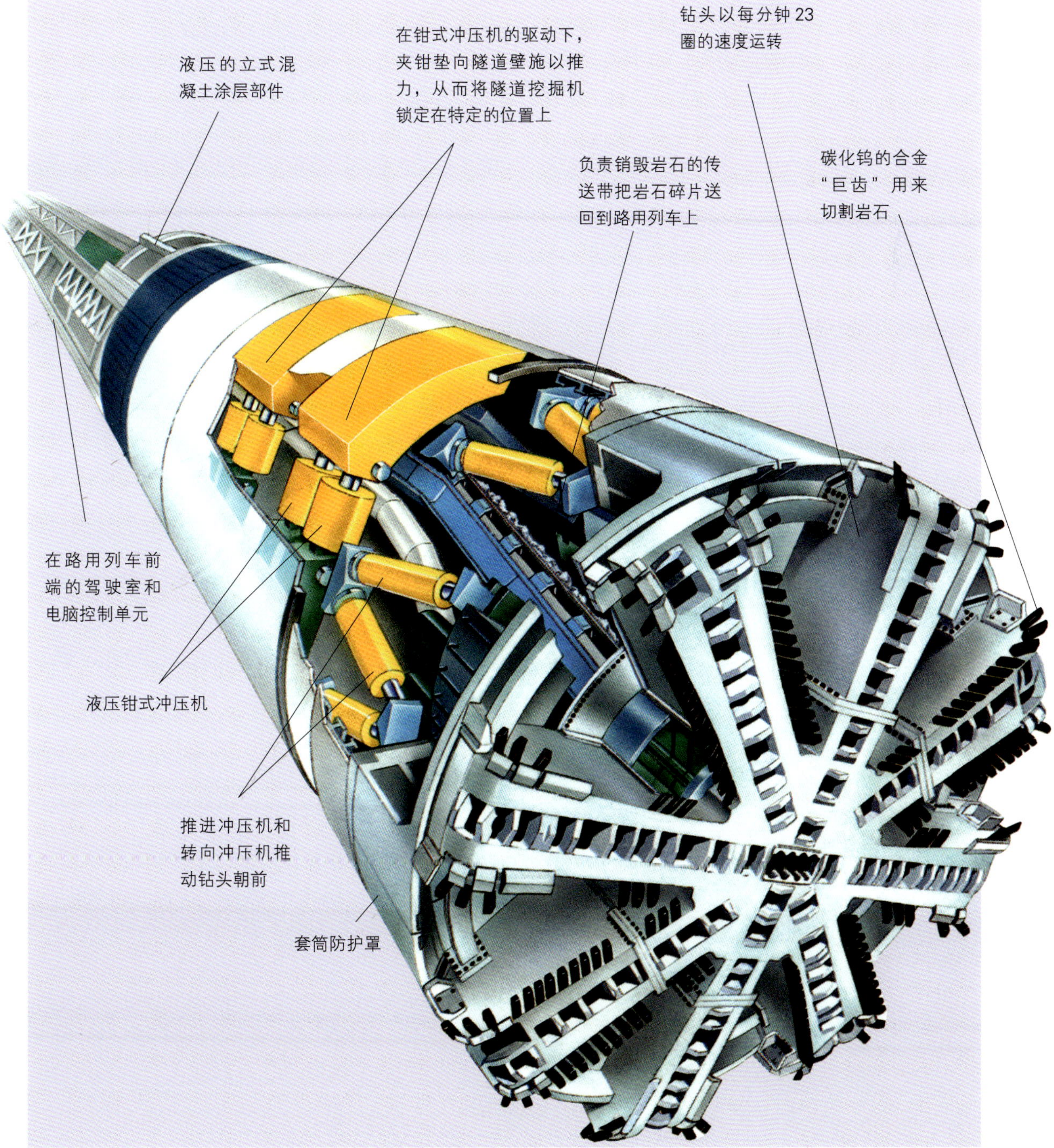

▲ 巷道挖掘机是专门用来挖掘小型隧道，或者拓宽人工挖掘隧道的一种简单机器。图中的这台巷道挖掘机被用来修筑匈牙利布达佩斯的地铁系统。它有一个圆锥形的锯齿状钻头，钻头被安装在活动臂上。

▲ 这种巷道挖掘机有一对旋转的切割器，上面带有螺旋状的坚硬的切割锯齿，力量非常强大。这种机器被用来挖掘海峡隧道，开凿通风井以及十字通道。

的动力驱动下，被牢牢地固定在一个地方。随着钻头不断向前推进，挖掘机上的套筒防护罩也向前伸展，并覆盖了其间的缝隙和夹钳部分。在充分伸展的情况下，挖掘机上的钳子松开，钳子在第三组液压油缸的驱动下向前抬起，并向后推动着最后的混凝土涂层。

隧道挖掘机就像一只巨大的机械蠕虫，“吞食”并穿过坚固的岩石。被挖掘出来的岩石碎片由传送带送到后面的路用列车上，再被转移到来回往返的负责销毁岩石碎片的运输车上，最后被运到法国和英国的垃圾场。最快的时候，每小时大约有 2400 吨被销毁的岩石从英国的隧道里运出来。

除了挖掘隧道，隧道挖掘机还必须同时在隧道中被开凿的地方浇灌上大量预浇筑的混凝土涂层面，防止周围的岩石塌陷。

激光导向

英吉利海峡中，第一条被挖掘的隧道是中央服务隧道。当法国和英国两边的隧道大约还相距 100 米的时候，隧道挖掘机就停了下来，由一台直径为 50 毫米的钻孔机取而代之，它负责开挖岩石并完成最后的连接工作。

定位孔表明，当地面被挖掘到 18 千米的时候，两条主隧道几乎在一条直线上，仅有几厘米的偏差。这个令人叹服的壮举，是因为在隧道挖掘机上使用了激光导向系统。激光枪被固定在隧道靠近陆地的一端，从激光枪上会射出一条像铅笔一样粗细的光线，这条光线会瞄准固定在隧道挖掘机后面的光敏目标。如果挖掘机偏离了挖掘路线，激光就会打在偏心的位置上，同时在挖掘机的监控屏上显示出来。于是，借助钻头后面 8 个独立控制的液压油缸，挖掘机的方向就会被随时调整过来。

大开眼界

新旧隧道挖掘机

负责开挖英吉利海峡的第一台隧道挖掘机建于 19 世纪 80 年代。它长约 9 米，由压缩空气来驱动。它在大海深处挖了 1.8 千米，但是由于担心法国入侵，这个工程便终止了。

1986—1994 年，又有 11 台隧道挖掘机被建造出来。它们和路用列车相连，最大的长约 260 米，差不多是两个首尾相连的足球场的长度。

工程机械

推土机、铲土机、压路机和翻斗车都是建筑行业中力大无穷的重型机械。其中某些设备一小时内搬运的土石，比 100 个工人一整天用镐锄、铁锹和手推车搬运的土石还多。

在修建一条新的公路、铁路，或者一座工厂、住宅之前，首先要对施工地点进行清理、改造，并为新的项目做好准备工作。地基上原有的建筑都必须推倒，砖瓦土石都要清理干净。林地以及其他绿地如果不能用于未来的建筑规划中，也都要移除。

对于一条主干道，比如一条用于行驶卡车、油罐车和其他重型车辆的高速公路，道路的坡度以及弯道的角度都有严格的规定。因此，道路工程师必须对路段进行大面积的改造，他们需要挖掘、爆破，打通山体，填平沟壑，将较低的地面垫高，或者将山岗的突出部分削平，避免

◀ 图中这台大型反铲式挖掘机有一条由内部液压油缸操作的、分为三节的可伸缩的长臂，它正在挖掘沙砾层，为建筑工作做准备。

道路上有过陡的斜坡。

如果要修建一座工厂，那么基址就要尽可能平坦，以保证原材料的卸装地点、生产线的机器设备和产品的分装区域都处于同一水平高度。现代的住宅开发商们都努力保持或者至少在某种程度上保持地形的原貌，如将树木尽可能多地保留下来。不过即使这样，还是要进行大量的挖掘，并运走大量的土石，然后才能够修路、打造房屋地基，铺设地下自来水管道、燃气管道和供电线路，修建下水道和雨水的排水设施。

最早到达施工现场的运土设备之一是推土机，这是一种动力强劲的履带牵引机械，由柴油机驱动。推土机的前部有一个巨大的钢制铲刀，通过液压油缸来控制升降。它们被用来清理砖瓦碎石和残余的树桩、推动土壤和石块、平整地面。

有些推土机的后部还装有一个叫“松土器”的装置。这是一个由液压油缸驱动的巨大的“钩”形凿子，能够进行剧烈的锤击，凿开坚硬的地面，甚至能够凿穿坚固的岩石。与爆破相比，使用松土器速度更快，成本更低，而且它还能用于那些禁止爆破的场所，如靠近其他建筑物或公路的地方。

▲ 图中这台平地机正在平整岩石碎块，为新公路铺设路基。在前轮的后面，可以清楚地看到平地机上水平横向的铲刀，铲刀按一定角度固定，偏向机身的左侧或右侧，操作人员也可以调节它的倾斜角度。

“一口”有多大

接下来到达工地的是反铲式挖掘机和反铲式装载机。挖掘机有履带式的，也有车轮式的，装有一个由液压系统操作的组合式长臂，长臂的末端是一个铲子形状的有锯齿边缘的铲斗。机器上的长臂和驾驶室都能够绕着中央轴旋转，因此，长臂可以向前、向后及任意方向伸展。挖掘时，铲斗朝内，对着操作人员的方向。铲斗的大小视具体工作的要求

▲ 这是在德国易北河畔，一台拉铲式挖掘机正在向翻斗卡车上装载土石。同样在露天煤矿使用，拉铲式挖掘机比液压制动挖掘机的铲斗更大。

推力强劲的大块头

图中这台 D10N 型履带式推土机，机身重量超过 70 吨，由一台 557 马力的涡轮增压柴油机驱动。它巨大的铲刀能够铲起将近 21 立方米的土石，它尾部的“针刺”（松土器）能够凿开坚硬的岩石和混凝土。

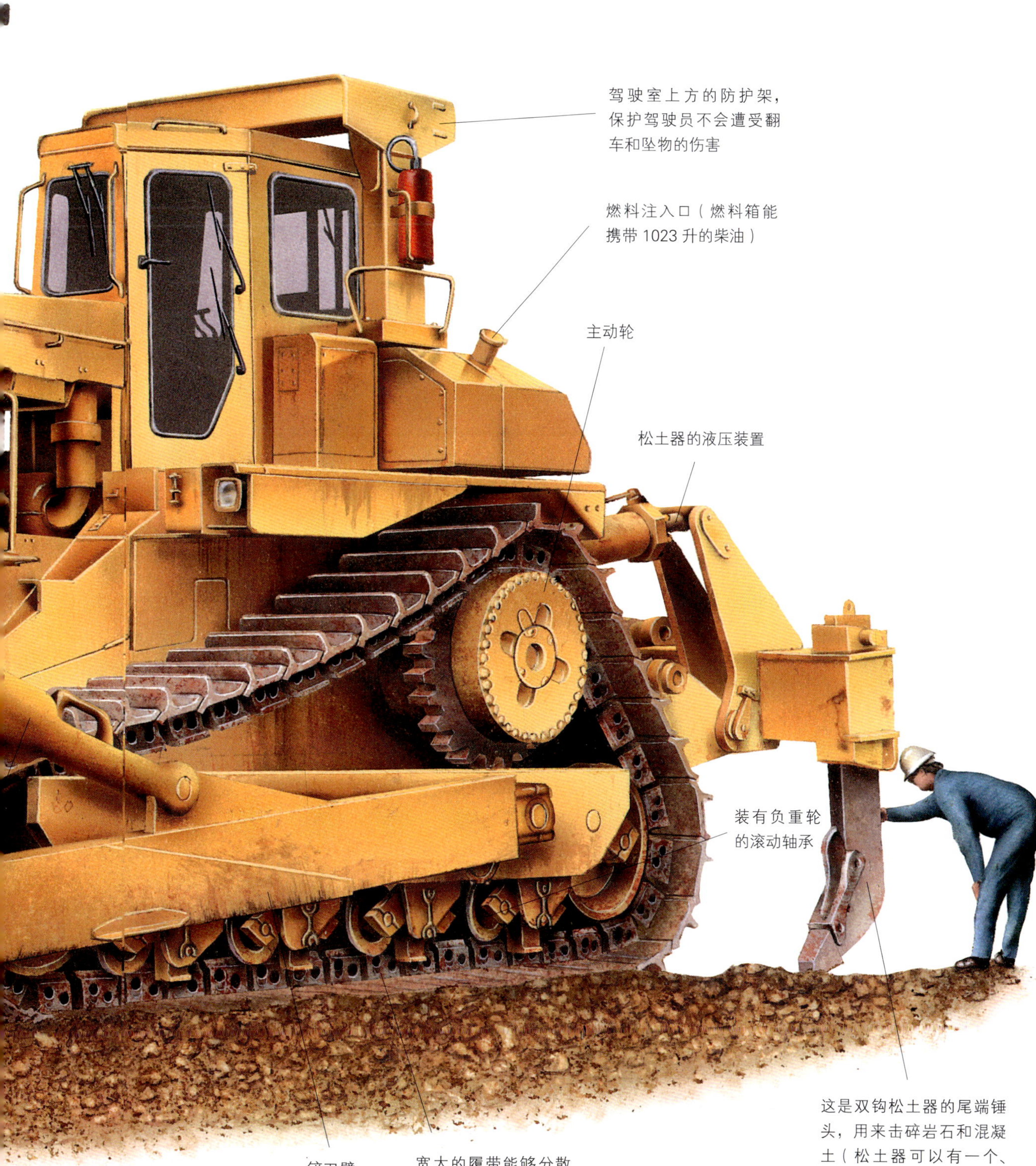
驾驶室上方的防护架，保护驾驶员不会遭受翻车和坠物的伤害
燃料注入口（燃料箱能携带 1023 升的柴油）
主动轮
松土器的液压装置
装有负重轮的滚动轴承
这是双钩松土器的尾端锤头，用来击碎岩石和混凝土（松土器可以有一个、两个或三个锤头）
铲刀臂
宽大的履带能够分散机械的巨大重量，并提供更强的抓地力

▲ 有些铲土机配备有自己的整套拖曳设备，还有些铲土机，就像图中这台，没有动力装置，可以由现成的拖拉机拖着使用。在黏稠湿滑的泥地上，靠履带拖曳的铲土机要比靠车轮行驶的高效得多。

而定。窄小的铲斗在挖地基或铺设地下管道时用来挖掘沟渠，而大一些的铲斗则用来挖比较大的坑。最大的铲斗“一口”挖出的泥土，体积相当于一辆小汽车。

装载机是一种靠车轮行驶的机械，有固定的驾驶室，主要用来往卡车上装载土石。装载机的前部有一个很宽的铲斗，能够自由升降，并能翻转过来，将土石倾倒在卡车上。

铺路专家

铺路是一项专业化的工作，要用专用的大型铺路机械。铲土机就是其中之一。它是一种重型铰链式的庞然大物，靠巨大的橡胶车轮行驶。铲土机的前部是一个拖拉（牵引）设备，而铲土机本身就像一个巨大的钢铁吊

▲ 小型挖掘机使用起来方便灵活，可以用在私人花园等空间狭窄的地方，这样在美化风景或修建假山的时候，就不需要繁重的体力劳动了。

大开眼界

H485 型铲车

最大的全液压采矿铲车生产于德国，并被广泛使用于许多露天矿场。人们用它在加拿大挖掘油页岩，在斯堪的纳维亚挖掘铜矿，在澳大利亚开采煤矿，在南非和巴西开采铁矿，在博茨瓦纳采掘金刚石矿。这种铲车的铲斗容积高达 33 立方米，只要 4 铲就可以装满一辆载重 190 吨的翻斗卡车！

斗。铲土机前部边缘的底部有一个边缘锋利的狭槽，并且在传送带上装有一组铲刀。传送带可以将铲起的土石运送到“吊斗”的后面。铲土机一般用来剥除地面的表层。

一旦铲土机和推土机将地面修整完毕，压土机就会将地面压实。压土机有点儿像用来碾压路面沥青的压路机，但不同的是，压路机用的轧轮是平滑的，而压土机用的是宽大沉重的铁轮，铁轮表面布满了突起的刃齿。当压土机来回碾压地面时，这些刃齿（也被形象地称为“绵羊蹄”）能够“踩碎”坚硬的土块，而机器本身的重量会将粉碎的泥土碾压成坚硬的平面。

下一步，要在地面上铺几层碎石和粗糙的材料，然后再逐步加上几层更精细的材料，这样就筑成了公路的路基。可以用平地机把石头平整成均匀整齐的平面，甚至是薄层。平地机是一种靠车轮行驶的机械，它的前部伸出一条由车轮支撑的长臂，长臂下面有一个类似于推土机的铲刀那样的钢制铲刀，不过平地机的铲刀外形更为狭长一些。铲刀按一个特定的角度安装，这样就可以把路面上多余的松散石块推到一旁，铺散在周围，留下一个绝对平坦、整齐的路面。

你知道吗？

驾驶员的安全

建筑工地属于危险地带，相关的安全规章制度涵盖广泛，从强制佩戴安全帽，到推土机顶部的翻车防护架，都有严格的规定。图中这台 D10N 型履带式推土机顶部就配有翻车防护结构（ROPS），如果推土机在斜坡上发生翻车事故，这种结构可以保护驾驶员免受伤害。同时，安全防护架还可以防止驾驶员被坠落在驾驶室上的重物砸伤。现代化的驾驶室还具有隔音效果，能够有效保护驾驶员的听力。

铺路

当我们开着车在路上行驶时，如果突然发现某段路被锥形路标、塑胶带、闪烁的信号灯，以及反向车流标志与其他路段隔开了，我们无须惊讶，也不必抱怨。因为路面质量以及我们车上的4只轮胎，直接关系到我们是否能够安全地在路上行驶。

建设一条新公路时，人们要用重型机器将碎石铺成的路基紧紧地压实，除非被洪水、塌方或地震彻底摧毁，否则，这些路基应当可以一直存在下去。不过，路基的顶层（也被称为磨耗层）比较特殊，有时候，它们必须被更换。而更换周期的长短取决于公路所承担的运输量的大小，尤其是重型卡车车流量的大小。

▲ 新型防滑材料常用在危险路段上。防滑材料大多都是树脂基复合材料。还有一种用于公路修复和加封公路边石的复合材料，是由沥青、骨料、玻璃纤维以及橡胶颗粒混合制成的。这种材料的某些部分是由再利用的轮胎制成的。

原料消耗

如今，筑路所需的原料变得越来越昂贵，而修筑和维护公路交通网又需要大量的骨料和沥青。重新铺砌一条公路通常要先将压实的沥青路面的 20 毫米厚的表层挖除掉，然后对暴露出来的表面进行加热和切划，之后再铺上一层新鲜的沥青并压实。用再混合的方法重铺公路则是先将旧路面剥离挖除、磨碎，再向这些磨碎后形成的原料里添加新的成分，并调整混合物的成分配比，然后再将它们重铺到路面上。

对于重度磨损的公路，磨耗层的下一层（基层）可能也需要更换。用于修建这些路面层的材料是大小不一的碎石（骨料）与柏油（沥青）的混合物。各种成分之间的精确配比要根据公路的位置，当地的气候条件，以及它所要承担的交通类型来确定。

用于修筑路面的混合物主要分为两大类。修筑有沥青盖层的碎石路所用的混合物是由各种粒度的骨料组成的，并且这些骨料中的碎石块都被柏油（沥青）包裹着。碎石路的强度来自这些混合物被重型压路机碾压时碎石之间的相互联结。要被压实的沥青混合物是在由精细骨料和粒径非常小的碎石填料组成的稠密混合物中加入粗糙的骨料，然后再用沥青将它们黏结在一起形成的。这种混合物的大部分强度都来自由不同尺寸的颗粒

▲ 这部“混凝土列车”正在铺设并压实混凝土，并将表面做成网纹状，然后再在表层喷洒一种固化化合物。这种机器可以在 1 小时内用 65 立方米的混凝土铺筑 30 米长、300 毫米厚、7.2 米宽的公路。

激光控制

激光信标用一束水平激光束在 360° 的范围内扫掠，在整个工地范围内给出 100% 精确的参考标准。推土机、压路机和铺路机上的激光接收器会自动记录机器的位置是高或低还是刚刚好，然后计算机系统会自动调节机器的高度。

大开眼界

对你说话的线

Vibraline™（商标名）是一种用于制作公路标志线的坚硬的热塑性复合材料，它们被施用到路面上时会具有突起的轮廓。如果有车辆偏离了车道，司机就能够听到轮胎碰撞这种材料发出的可以听到的“警报声”，并且能够感受到振动。另一种复合材料 RainLine™（商标名）的内部具有极其微小的玻璃珠，这种材料具有像“猫眼石”一样的作用，当它们被施用到路面上时，总会有反光的一面对着迎面而来的司机。

黏结在一起而形成的致密混合物。此外，还有一种多层混凝土结构的混合物，这种混合物被广泛地应用于欧洲和美洲，而在英国却比较少见。

公路的铺筑和维护需要一些庞大的机器。当修建一条新的公路时，人们会利用运土机、推土机和压路机先将路基筑好，然后再用巨大的机器（有些机器甚至仅仅通过一次操作就可以铺筑好几层路面）铺设基层和磨耗层。如果公路的某些大段路面需要重新铺设，有时候，我们可以先使用一种大型机器将旧的磨耗层从路面上剥除下来，再向这些被剥除下来的材料中添加新的柏油（沥青），之后再重新使用它们。如果要重铺小一些的路段，可以使用路面铣刨机来挖除旧的磨耗层。这些履带式或轮式的路面铣刨机装备有一个旋转钢筒，钢筒上又装备有由碳化钨制成的凸齿（就像采矿机）。在大型的重铺公路工程中，旧的路面材料会通过传送装置被直接装进卡车，不过，即使是在较小规模的公路作业中，旧的路面材料也会被用卡车运走，然后磨碎重新使用。因为这些材料要花费很大的费用，所以不能浪费了。

看、听，并感受它们

旧式的白色公路标志线在天气良好的时候，清晰醒目，但是，在夜里、在雨天，就经常会变得几乎无法辨认。从汽车车头灯发出来的光会在标志线的潮湿表面上四处散射，而不会反射回司机的眼睛里。使用“猫眼石”是一个非常棒的主意，但是，要在所有的公路上都安装这种“猫眼石”就太昂贵了。新型材料能产生和猫眼石类似的效果，并且，在此基础上，它们被与一种坚硬致密的标记性材料结合起来使用，这种标记性材料施用到路面上能够略微拱起，这样，司机如果驾驶汽车偏离到了标志线上，那么他们就能够听到轮胎碰到拱起的材料的声音，并且能够感受到由此产生的振动。新材料也令公路路面本身更加安全。树脂基抗滑材料被用于高风险的公路交叉点上；彩色路面用来将自行车道和公共汽车专用车道分隔开来；利用再生橡胶制成的复合材料被用来制造提醒驾驶员开车过快的交通设施，如“路拱”和“微型环交”。

农业机械

现代农业机械不仅能平整土地、播撒种子、铲除杂草、喷洒化肥和农药，还能采收几乎所有的农作物，如小麦、水稻、马铃薯、西红柿、葡萄、甘蔗等。

在大多数农场里，拖拉机是最重要的农业机械。拖拉机不仅可以作为牵引装置牵拉拖车和其他农用设备，还可以作为其他农机具的动力源，如犁、耕耙、播种机等，它们通常挂在拖拉机的后面。

拖拉机主要有两种类型：轮式拖拉机和履带式拖拉机。轮式拖拉机最为常见，用途非常广泛。大多数轮式拖拉机的后部都有两个巨大的轮子，而前面的轮子相对较小（与普通汽车的前轮相比还是很大）。前、后轮分工不同，前轮主要起引导作用，是导向轮；后轮是驱动轮，当拖拉机后面挂着农机具时，它们能够承担农机具的大部分重量。前、后轮的轮胎上面都有凸起的花纹，纹路较深。因此，即便在松软或者泥泞的田地里，拖拉机也能拖动农机具。轮式拖拉机的重量最轻也有 1 吨，最重能达到 11 吨左右。

▲ 与传统播种方法相比，用播种机播种能节省 30% 的时间。图中这台拖拉机的后部挂有多种农机具，犁负责开垦犁沟，耕耘机负责平整土地，自动播种机能将种子均匀地播撒到地里。

▲ 不论圆盘耙有多少种样式，它们的工作原理都是相同的。在一个沉重的钢架上装有几排普通的或者边缘带有锯齿的圆盘，这些圆盘能把土块弄碎，还能平整土地，以利于播种。

与轮式拖拉机相比，履带式拖拉机的体形更为庞大，功能更加专业化。这种拖拉机依靠履带（由钢板链接而成）在地面上行驶。转弯时，一侧履带会减速或者停止运动，另一侧履带则继续前行。履带式拖拉机在潮湿或者松软的土地上通常能顺利通过。小型和中型履带式拖拉机的重量约为 3 ～ 10 吨，大型履带式拖拉机的重量可达 20 吨以上。

拖拉机以三种方式提供动力。其一，拖拉机通过挂钩能够拖动其他农机具，如铧犁、耕耙和施肥机等。其二，拖拉机的主发动机能够推动液压系统中的油泵，从而产生强大的动力，用于提升挂在拖拉机上面的农机具。其三，拖拉机的动力输出装置（PTO）能为其他农机具（如收割机、茎秆切碎机）在工作时提供动力。

大开眼界

空中“作战”

如果农作物（如谷物、蔬菜）的种植面积非常大，可以利用飞机从空中喷洒化肥或者农药，这样既省时又省力。一架飞机工作 1 分钟左右，喷洒面积能达 4 平方千米。当飞机在田地上方低空盘旋时，装在喷洒臂上的喷嘴会向下喷洒化肥或者农药。

不容小觑的犁

现代犁是一种精密的农业机械，圆盘犁刀和犁头能把田地切成一块块长方形土块，犁壁能对土块进行翻耕。这样，地表下面的新鲜土壤就会被翻耕至地表，同时表层的碎石、杂草和上一季农作物的残茬也会被埋进地里。在靠近圆盘犁刀的位置还装有小前犁，它能在主犁体耕作之前先将表层土壤耕起并翻至犁沟里。随后，主犁体翻耕的土块会覆盖在上面，从而将大部分杂草埋在

▲ 这台自动喷雾机的轮子又大又窄，底盘离地面很高，因此适合在植株较高的田地里作业。驾驶室里装有通风设备，以防操作人员吸入飘浮在空中的化学药剂。操作人员还可以远程控制喷雾设备和液压臂。

地下。

大多数现代犁的犁刀为3片到12片不等，它们被固定在钢质犁架上。每片犁刀上都装有弹簧垫圈，这使得犁刀能够“躲避”地里的石头或者树根，而一旦越过障碍，犁刀又能“自动复位”。因此，即便在比较难耕的土地上，犁也能够连续、快速地耕作，而且不容易发生故障，从而省下高额的维修费用。

许多现代犁还能双向翻土。双向犁的犁体两端结构相同，一端犁体耕作的时候，另一端犁体会翘在空中。当拖拉机在地头转向的时候，液压系统能将犁体升起并翻转180°。然后，拖拉机沿着前一犁沟反向前进，另一端犁体开始耕作，翻土方向与前一犁体相同。

耙和耕耘机

在种植庄稼之前需要平整犁垄，一些比较大的土块也要被弄碎、弄平，这样有利于水分渗入土壤，并能增强土壤的通气性。耙和耕耘机都能进行这项工作。有些耙的构造非常简单，通

▲ 这种拖拉机适合在葡萄园里工作，它们只有1米多宽，因此可以在成排的葡萄树中间行驶。除了体积较小外，它们还具有强大的动力，因此即便在陡坡上也能拖动葡萄采摘机。

常只装有一个平直的钢架，钢架下面是若干个很大的弹性钉齿。圆盘耙上装有几排平直的或者圆形的钢盘，在这些钢盘的边缘还有凹槽或者锯齿。还有一种耙，它们主要由带有螺旋齿的滚轴构成，这种滚轴看上去与旋转割草机上的割刀非常相似。

有些耕耘机的结构比较复杂，由圆盘、滚轴和 S 型钢质钉齿组合而成。联合作业机的结构更为复杂，前面是一部带有多种犁刀的犁，中间是一部能够平整表层土壤的联合耕耘机，最后是一部自动播种机。在这部播种机上装有一部风机，强劲的气流通过软管把种子从种子箱（安装在拖拉机前部）里吸出来，然后再以均匀的速度把种子吹进输种管里，这些管子的开口处可以伸到地表下面，这样，种子就会顺着输种管被均匀地、连续地撒到地里。

其他农业机械

为了让庄稼更好地生长，还要定期施肥和喷洒农药。肥料的种类很多，有来自家畜的天然肥料，也有液体肥料，还有经过生化处理的固体肥料。施肥机能把这些肥料撒到地表、土壤里或者农作物的某一部位。喷雾机被用来喷洒杀虫剂（主要杀灭虫害）、除草剂（杀灭杂草）和杀真菌剂（杀灭霉菌和其他真菌）等农药制剂。

联合收割机是人们最熟悉的收割设备，主要用来收割谷物庄稼。其他收割设备主要有旋转割草机，用来收割牧草；翻晒机，用来翻晒牧草；压捆机，用来捡拾、压缩和捆绑牧草。

此外，还有很多专业的农业机械。马铃薯起收机能把地里的马铃薯挖出来，然后通过传送带把它们输送到并排行驶的卡车上。像西红柿、葡萄这样的蔬菜水果也能用农业机械采摘，这些采摘机能够越过植株，将果实从枝干上轻轻地摘下来。

联合收割机

现代联合收割机不仅可以收割庄稼，还能监控自己的工作情况，告诉操作者已经收获了多少粮食、用了多长时间、收割了多少公顷地以及产量有多高。

谷类粮食作物，如小麦、大麦、燕麦、玉米和稻米，都是禾本科植物。它们有高高的茎，成簇的种子长在茎的顶端，被称为耳穗。每一枚种子（谷粒）外都有一层坚硬的防护壳，农民称它们为糠。

把谷粒从茎和糠中分离出来，需要几个步骤。在很久以前，这些步骤中的每一项工作都要用手来完成。后来，有一部分工作交给了机器来做。之所以叫联合收割机，是因为它能够把所有这些步骤联合起来，完全自动化，一步到位地完成。这种机器用一系列像梳子一样的刀子来收割谷物；然后在互相紧贴着的转动的圆柱体和曲形钢板之间击打谷物，使谷物从茎秆上分离下来；接着在气流中扬谷，把厚重的谷粒和轻飘飘的谷糠分开。谷糠通过一个管道被吹到机器

◀ 要生产出质量好的干草，那么就必须在适当的阶段将生长着的农作物收割下来。在收割之前需要几天好天气，这样才可以把农作物逐渐晒干。农作物是用旋转的或者像镰刀一样的收割机来收割的。收割下来后，至少要用拖拉机驱动的旋转耙子将它们翻转一次，有助于它们变干，同时把它们一列一列地聚集起来，准备打包。

图中这种联合收割机上的刀片每分钟可以切割 1150 次，打谷桶每分钟最多可以转动 1000 转，这些都使它能够非常轻松地将山坡上的庄稼收割完。这种机器的收割宽度大约有 5 米。

的外面，而谷粒则通过滤网进入了用于收集的盘状器皿当中。但是，联合收割机的工作还没有结束，它还要处理谷物的茎秆。由于仍然会有很多谷粒混合在谷物的茎秆之中，所以，机器会将这些茎秆拾起来，再用一系列倾斜的锯齿状的斜面将它们中间残存的谷粒抖出来，之后再把谷物茎秆存放在机器的外面。谷粒和其他残余物被送入另一个打谷机和分离设备当中，这样，所有的谷粒都会被保留下来。

我们通常认为联合收割机是用来收割小麦和大麦的，但其他许多种子植物，如油菜、亚麻、向日葵、大豆等，也可以用联合收割机来收割。

当代的收割机

许多现代化的收割机都有随车携带的计算机，能即时提供有关机器的工作情况及收割量的信息。控制器装有灵敏的按钮，指挥着驾驶室内监控器上的显示屏幕，显示出各种数据设置，比如切割机的高度，打谷桶和逐秆器的速度等。其他显示器显示着油压、发动机的温度以及别的一些数据，比如已经收割的面积、贮藏容器中谷物的数量。如果某条传动皮带将要破损，预警显示器就会提前显示给驾驶员。如果机器存在着潜在的危险问题，那么自动断流器就会自动将发动机关闭。

1994 年，人们发明了一种将随车携带的计算机和全球卫星定位系统结合在一起的系统，它能够在几米范围内定位收割机的位置。通过这个系统提供的信息，计算机可以显示出同一片田地上的不同产量。

英国玛斯公司生产的联合收割机的驾驶室内非常舒服，室内还装有空调。驾驶室内有一个数据显示屏，主要的控制都是通过多功能的操作杆和操纵台来完成的。

割草机和打包机

如果谷物的茎秆有一定的用途，比如用来做动物的草垫，那么它们就会被收集起来，并被一行行地排列起来，然后用打包机打包成方形或者圆形。切割、脱粒、打包，这些也适用于其他的农作物，尤其是饲料作物，如青草、苜蓿、紫苜蓿以及其他豆科植物，这些作物被种植在农田里，用作家畜在冬季食用的饲料。

圆形打包机通过一条宽宽的移动的带子，把草料滚成像鼓一样的大捆，然后再将它们捆扎好。下面这种方形打包机则是把农作物打包成矩形，然后再把它们放到地上，或者直接扔进拖车里。

大开眼界

在水平线上

有些联合收割机是专门设计用来在斜坡上工作的，这种收割机要优于早期的类型。在山坡上工作，对机器上的切割机没有什么特殊的要求，但是，对逐秆器和谷粒盘却有一定的要求，它们必须位于合适的角度，这样才能有效地进行工作。因此，为了使它们保持水平，这些部件被全部抬高了。

灌溉系统

世界上超过一半的农民，都依赖某种形式的灌溉系统，为农业用地人工提供水源。他们的灌溉方法很多，从远古时代的简单机械，到高科技的水枪，再到每次只为一株植物浇灌一滴水的节水灌溉设备。

人类灌溉农田需要的水量很大。用于农业灌溉的水资源，是世界上所有城市生活用水总量的 6 倍。只有工业用水的量可能多于灌溉用水。在干旱的澳大利亚，灌溉用水占用水总量的 74%；在美国，灌溉用水占用水总量的 40%；在英国和欧洲西北部的一些国家，由于气候温和潮湿，降雨量充足，灌溉用水的量只占用水总量的 1% ~ 2%。中国作为农业大国，灌溉用水量占总用水量的 60%。

一个国家用来灌溉农田的水量，取决于气候、农作物的种类、耕作的方式等因素。气候因素包括一个地区一年当中的降雨总量，是否全年都有降雨，是否有明显的雨季和旱季以及获取水源是否容易（如距离河流的远近）等。不同的农作物需要的水分是不一样的。水稻需要大量的水分，而棉花、大豆、马铃薯需要的水分要少得多。此外，在温暖气候中生长的小麦，比在寒冷气候中生长的小麦需要更多的水分。

用来灌溉的水大多是地表水，比如注入河流和溪流中的雨水、山区积雪融化而成的雪水。在那些气候干燥的地区，比如澳大利亚、美国的西南部各州、欧洲东南部和亚洲的部分地区，一般都有大河流过。在这些地方，人们会修建水坝，制造出人工湖泊（水库）。水库中的水既可以用来发电，又可以用来灌溉农田，同时还能为畜牧业和工业提供水源。

▲ 在这种灌溉系统中，一根粗水管穿过每个轮子的中心，还有一些较细的水管负责把水喷射在轮圈上，而喷出来的水的冲力会推动轮子慢慢向前滚动，浇灌完整片田地。

在另外一些地区，主要的水资源是地下水。地下水储存在地下的岩石蓄水层中，可

▲ 这是位于中国广西壮族自治区龙胜各族自治县的龙脊梯田。智慧的中国人民在山坡上开垦了农田，这种农田通过基本的重力引流系统和一些极为简单的机械就可以得到良好的灌溉。有一些梯田在2000多年前就有人耕作了。

以通过地质勘探和水文勘探被发现。人们通过钻孔打井的方式，把水从蓄水层中提取出来。在一些地方，地下水必须用水泵抽出来，但在另外一些地方，地下水压力较大，所以不需要人工抽取就可以自动涌出来。

人们一般通过水渠等重力引流系统将水引入农田。水渠通常是简单的土质沟渠，但是在有些地区，水会大量渗入土壤中，于是人们要在沟渠内壁铺上一层沥青或塑胶板作为保护。水在露天沟渠中流动时，会由于蒸发而散失一部分。如果使用混凝土管道或塑料管道引水，就可以避免这样的损失。这种管道比较昂贵，但是可以节约水源。对于简单的重力引流系统无法到达的高地，人们会用水泵将水抽压到一

▲ 这样的喷水装置主要用于商业种植园中的大面积浇灌。旋转的喷嘴有不同的尺寸，口径较大的喷嘴用来浇灌小树和灌木，而小口径的喷嘴则用来浇灌比较娇贵的作物。

自动包装生产线。

由小规模生产流水线做出的产品，如新颖的玩具或新鲜的奶油蛋糕，倾向于使用像纸盒这样简单而且廉价的包装。刚生产出来的卡纸板是一张很大的平纸板，要经过冲切（裁下需要的形状）、折痕（方便折叠）、印刷（标记所包装的产品）、粘贴或者装订（形成纸板筒），才能成为半成品纸箱。

▲ 玻璃瓶叮当作响地通过压盖机，压盖机会用金属瓶盖将瓶口密封起来，以防空气中的微生物污染瓶内的饮料。现代化的包装生产线每小时能够封装3000到9万个玻璃瓶。

而大批量生产的产品，如药品、隐形眼镜和软饮料（不含酒精的饮料），则更倾向于使用全自动包装生产系统。例如，饮料瓶的瓶装生产线就是由许多机器组成的，一条像过山车一样高速运转的传输系统将这些机器连接在一起，并将包装瓶从一台机器传送到另一台机器。空瓶会依次通过自动检验机、灌装机、定量配料机、压盖机、翻瓶机和贴标机。最后，这些装满饮料的瓶子会经由多线分配机被装进板条箱和铺有货盘的装载机里。

罐头制造

罐头大概是包装及保存食物和饮料最有效、最环保的包装方式之一。在西欧，一年中约有90万吨空罐头盒被再次利用，这足以建造4000架大型喷气式客机或132座埃菲尔铁塔。

装进罐头的食物通常都要经过加工，如清洗、剥皮、去核，有时还要进行烹煮，然后被装入早已经过清洗和干燥处理的罐头盒里，再焊接盖子进行密封。密封好的罐头将被放进高温灭菌器，通过高温加热来消灭食物中可能存在的有害细菌。不同食品的加热时间和温度都不一样。例如，肉类、鱼类和家禽要加热到116℃～265℃，而且至少要加热40分钟，水果只需加热到100℃并保持几分钟就可以了。之后，罐头会被冷却，再贴上标签装进纸箱。碳酸饮料与此类似。饮料被灌装到无盖的空铝罐里，然后加盖密封，并对密封的罐头进行短暂加热杀菌处理。

▲ 新鲜的水果和蔬菜如果不经过冷藏或者添加防腐剂，就会在一段时间后发霉变质。图中这些樱桃经由塑料真空密封后，可以大大延长保鲜时间。

热缩膜包装机

许多制造业都拥有简单的包装设备，可以包装各种类型的产品。其中有一种热缩膜包装机，可以将产品用透明的热塑性塑料包裹起来。瓶装洗涤剂、海绵、水果和糕点都可以使用热缩膜包装机进行包装。包装人员将热塑性塑料松散地包裹在产品上，然后利用一种热夹钳装置封住袋口进行密封，再通过加热使包裹在产品外面的塑料袋剧烈收缩，紧紧贴附在产品上。

深井采矿设备

在地下数百米的深处，人们用巨大的采煤机将煤从煤层中源源不断地挖出来。这些机器在几分钟内开采出来的煤，比 60 年前煤矿工人日夜不停地用锄头和炸药开采出来的煤还多。

采煤业是世界上最重要的采矿工业，因为煤不仅是发电站的主要燃料，还为炼钢业提供了焦炭，并为大量的工业产品提供了原材料，从盖屋顶和铺路用的复合材料，到药品、染料、化妆品和化肥等。

在世界上的某些地方，采煤工人仍然在半黑暗的环境中辛苦工作，在狭窄的隧道里匍匐进出，用锄头和铁锹将煤挖出来，并时刻面临着煤井塌方和瓦斯（甲烷气体）爆炸的危险。但是在工业发达的国家，这些日子已经成为过去。深井采煤已经成为一项现代化的高科技工业，它利用强大的机器挖煤、运煤，并利用巨大的风扇向矿井的各个角落输送新鲜空气，此外，还有先进的传感器和计算机系统时刻监视着矿井中的危险气体、高浓度粉尘，以及过热的电缆和机器设备等任何潜在危险。

◀ 这台地下载人矿车是由格雷汉姆·贝万（图中最靠近镜头的人）为英国中部工业区的阿斯福德比煤矿设计的。这种矿车将矿工运送到采煤作业面需要的时间缩短了 50%。请注意图片中主隧道的弧形支撑物和混凝土加固面。

竖井与隧道

有的矿层暴露在山侧，它们或者是水平走向，或者略有一些倾斜。矿层沿着走势，延伸到山坡上。这种矿层被称为浅矿床。

在斜井矿层中，主矿井以一个很陡的角度直入地下，要么与倾斜的矿层平行，要么与矿层形成一定的角度，并在较深的地方和矿层汇合。最普通的一种矿井是竖井开采矿，用于大多数的深层沉积矿床。这种开采矿至少有两个垂直的竖井，一个装有升降电梯，专门在地面和井下之间来回运送矿工；另一个安装有大功率的升降机，并利用在井下通道里使用的有轨矿车等将矿产从井下运送到地面。直径长达6米的风扇能将矿井内的废气通过排气竖井抽取出去，同时使新鲜空气从进风井涌入矿井。

英国矿井的平均深度为450米，最深的有1000米。美国的矿井要浅一些，平均深度为80米，最深的大约有600米。英国为了采煤，每年要挖掘400多千米长的隧道。

你知道吗？

致命的粉尘

煤矿中最大的危险并不是爆炸或矿顶塌方，而是一种被称为“肺尘症”的肺部疾病，它是由于吸入了非常细小的煤尘颗粒引起的。现在，发达国家对煤尘的控制有一套严格保护措施。但在大多数发展中国家，肺尘症仍然危害煤矿工人健康。

这是由芬兰汤姆洛克公司生产的超级钻孔机，它正在金属矿的岩层中钻凿孔道。根据岩石的种类，需要用钻孔机开凿34个孔，然后再填入炸药，通过爆破震碎岩石。

▲ 与主要依靠连续采煤机的煤矿开采不同，大多数深井中的金属矿石开采都采用“钻孔－爆破”的方式，再用巨大的吊斗装载机，把震碎的岩石铲起并运走。图中这台芬兰生产的装载机吊斗的容量是5.5立方米，能够铲起11吨矿石。

▲ 这是美国久谊公司生产的BM18型隧道掘进机，它正在挖掘隧道。这种机器并不仅仅是用旋转切割头把煤从隧道内壁上凿下来，而是在推进时，还会在隧道顶壁和侧壁上钻孔打眼，对隧道进行加固。

采掘设备

在20世纪30年代和40年代，大部分煤矿都是通过传统采煤方法开采的。人们先用一种像链锯一样的巨大机械，沿着煤层表面切开一条深深的狭缝，然后在煤层表面上钻许多孔，再放入炸药爆破。由于有狭缝，炸碎的煤块会落到采煤通道里，然后再用装煤的机器把煤铲起来，并装载到传送带上。

到了20世纪50年代，这种采煤方法被第一代连续采煤机取代。这种巨大的采煤机器至今仍在世界各地被广泛使用。在连续采煤机的液压悬臂的末端，安装有多个圆柱形的旋转切割机，能连续不断地把煤从煤面上凿下、铲起，并装载到传送机上。一名矿工操作一台连续采煤机，一分钟内就能开采出11吨煤。

今天，比较先进的采煤机是一种“长壁剪切机”。这种机器能沿着300米长的采煤作业面反复挖掘，每次都能“剪切”下1米厚的大煤块，然后移放到坚韧的钢质传送机上。掘进机是一种专业机械，它的前部有一条巨大的长臂，长臂末端是一个圆锥形的钻头，钻头上有螺旋状的钢齿。在采煤机械运输到位前，先用掘进机开凿出一条一条的采煤隧道。

大规模的采煤系统

在大规模的深井采煤中，主要用两种机械系统。在房柱式采煤系统中，有数条平行隧道通向煤层，隧道之间的间距为 12 ~ 24 米。然后，开凿出几条与这些隧道垂直的隧道，它们的间距也大致相同。于是，隧道之间就会有一些方形岩柱和煤柱支撑顶部。随着采煤机向前推进，要用钢柱和铁网支撑煤矿顶部，其中铁网要用很长的螺旋钢栓钉进矿顶，再用特种水泥进行加固。沿着隧道推进，开采出来的煤被源源不断运送到地面上。当煤层耗尽时，矿工会停下来，再向主坑道方向回采，而前面留下的矿柱将被逐一挖掘，某些废弃的矿段允许矿顶崩塌。

在长壁式采煤系统中，有两条长长的隧道（两扇大门）通向煤层，隧道间隔为 200 ~ 300 米，它们之间只有一条又长又直的煤面相连。“长壁剪切机”就在这层煤面上来回移动。剪切机上方有一个凸出的钢架，依靠液压系统支撑顶部的岩层。在每次结束时，剪切机会在液压系统的推动下推进 70 ~ 100 厘米。同时，装载机、传送机以及篷顶支架也会随之推进。篷顶上方的岩层允许自行崩塌，并随着剪切机在地下的推进将矿井填埋。只有那些和竖井相连的主接口隧道才有永久的篷顶支架。

地面采矿设备

地球上每个人（男人、女人和孩子）平均每年消耗一吨矿石和至少一吨煤。采矿在地球表面留下了数目惊人、令人难忘的大坑。

美国犹他州盐湖城附近的宾汉峡谷中的宾汉铜矿场，是世界上最大的人造矿坑之一。它是一个典型的深层露天矿，面积约7.2平方千米，矿坑中部深800多米。和大多数大型露天矿一样，宾汉铜矿也是轮廓粗糙的圆碗形状，内壁呈台阶状，每级台阶的垂直面都是工作面，水平面则构成连续的环路系统。从最深处到地面，矿井内壁上一条条的水平环路呈螺旋形上升。越往下，矿井中心点距离内壁工作面越远，因此矿井越深，矿洞越大，矿井底部既平坦又宽阔。从底部中心点开始，还可以继续向下拓宽、拓深矿井，就像池塘中的涟漪一样。

大型露天矿场的规模十分巨大。在宾汉铜矿中，每天要用30多吨炸药炸碎含矿岩石，40辆大型机械铲车昼夜不停地把矿石装进重型翻斗卡车，每天还有1200辆铁路货车把矿石运到加工

◀ 斗式挖掘机挖掘褐煤的速度极快，因此，铁路线通常一直延伸到矿区中，褐煤通过传送带，被持续不断地装入货车的车厢。

▲ 像这台德国的巨型斗轮挖掘机，通常用于褐煤的露天剥采。在过去，露天剥采毫无节制，严重破坏了自然环境。

厂。从空中俯瞰，与巨大的矿坑相比，铲车和卡车非常渺小，但与建筑工地上的铲车和卡车相比，它们却是庞然大物。宾汉铜矿平均每天开采 9.6 万吨铜矿石（铜占矿石总量的 1%）和 20 万吨废石。

环保采矿

没有任何一种采矿方式是真正环保的。采矿业在本质上就是一个嘈杂而肮脏的行业，需要搬运大量土和石块；要对矿石和煤进行碾碎、分离、加工；还要把矿石送到冶炼厂中精炼成纯金属，或者把煤运进发电厂，通过燃烧煤来发电。但是，有一种方法能让采矿人员避免持续破坏地貌，这就是露天剥采。当矿床靠近地面，或者矿层又宽又平，并由一系列矿床构成时，露天剥采就是一种比较理想的方式。它广泛用于开采煤矿和平坦的矿床，如磷酸盐矿。

露天剥采时，首先在作业区内挖一条又长又宽的沟，沟的深度要到矿床顶部。先用推土机和挖掘机把上层土移走，将它们堆积在离这条沟不远的地方；再把不需要的岩层挖走，堆在沟

◀ 从意大利托斯卡纳区的阿尔卑斯山采石场中出产的大理石，是有口皆碑的优质石材，用于装饰高级建筑场所的上等石料，而且非常昂贵。这种大理石是专门用切石锯来切割和修整的。

▲ 这台巨大的水压采矿机铲，是由德国的德马格公司制造的。这个庞然大物在巴西的一个铁矿中工作。它的铲斗容量为33立方米，只需要三次或者四次，就能将一辆载重190吨的翻斗卡车装满铁矿石。

的旁边；最后用铲土机或挖掘机把露出的煤矿或磷酸盐矿挖出来，用车运走。当可用矿产开采完后，再在新作业区内挖一条沟，并将旧的沟“修复”。无用的岩石被重新填入沟中压紧，再铺上表层土。两年后，这片土地可以被再次利用，既可用于农耕，也可以种上草，把它们变成公用土地或运动场。这些再生土地比开采之前地势低，但没有遭到破坏。在有些地方，人们还将它们填上水，造成人工湖，用来钓鱼、划船，或者进行其他休闲娱乐活动。

浅水矿藏的开采方法

随着流水对岩石的侵蚀，淤泥、沙、砾石和细小的矿石颗粒都会被河水带走，并沉积到流速缓慢的湖床底部，或者河口、近海等区域，它们被称为沉积矿。沉积矿中通常储存一些重金属，如金、锡。

对于中小规模的浅水矿藏，可以利用简单机械开采。机械上有一个倾斜的长条盒子，盒子底部有凸起和凹槽。用盒子朝上倾斜的一端将沙和沙砾铲起，在持续的水流中分离。较重的金、锡颗粒会沉到盒子底部的凹槽内，泥和沙砾则从盒子下倾的另一端被冲走。对于近海水域储量较大的浅水矿藏，也用同样的方法处理，但却是在漂浮的驳船上完成的。驳船的一端有一台链斗挖泥机，它不断将泥沙和砾石送入船上的分离装置。

挖砂和采石

不管是建房屋还是修高速公路，都需要靠开矿或采石获得原材料。这些原材料都是通过先在岩石上打洞，然后填入炸药爆炸得到的。但有些石头非常珍贵，不能用这种方式开采，如大理石、各种含有化石的石灰石、质地上好的花岗岩，它们一般都被用来装饰银行、酒店、写字楼和其他高级建筑物。此时，要用切石锯把它们切成一块块巨大的长方形（切石锯是一种可以移动的带齿钢片，或一条光滑的钢带，钢带表面涂了一层研磨颗粒，如金刚砂，甚至钻石）。板岩是另一种需要慎重处理的建筑石料。先通过爆破把大块板岩开采出来，再用切石锯或者由压缩空气驱动的开尾凿，把它们切割成小块，但最好的瓦用板岩仍然是手工开采的。

发电机和涡轮机

轻轻按动开关，我们家里的电灯就会被电流点亮，我们上班乘坐的电车和地铁，也是因为有了电流才能发动。1831 年，迈克尔 · 法拉第和约瑟夫 · 亨利两位分别在大西洋两岸工作的著名科学家各自独立发现了电磁感应现象，如今人们正是利用这个原理来发电的。

1831 年，英国科学家迈克尔 · 法拉第和美国科学家约瑟夫 · 亨利各自独立发现，如果将一卷铜线圈靠近一块磁铁，或者将磁铁靠近线圈，线圈中就会产生电流。他们同时也发现如果磁铁来回穿过线圈，在磁铁插入线圈时，线圈中产生某一方向的电流，而在磁铁拔出线圈时，则又产生相反方向的电流。这一现象被称为电磁感应，我们生产生活中的绝大部分电力都是通过这个过程产生的。

▲ 这些专业工程师正在墨西哥的一座核电站的主涡轮机房里，为发电机安装电枢。用来推动涡轮机的蒸汽是利用压水核反应堆（PWR）提供的热量来产生的。

将运动转化为电流

下面两幅图解向我们展示了交流电和直流电产生的基本原理。这两种情况中，都是先在线圈中产生交流电，而采用成对的滑环还是单个裂环换向器则决定了输送到外部电路的是直流电还是交流电。

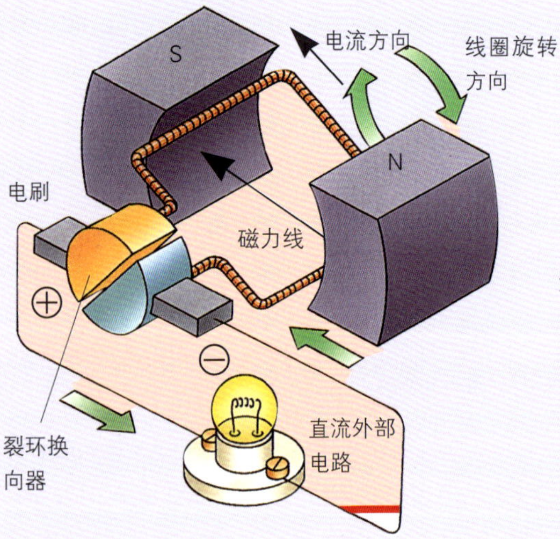

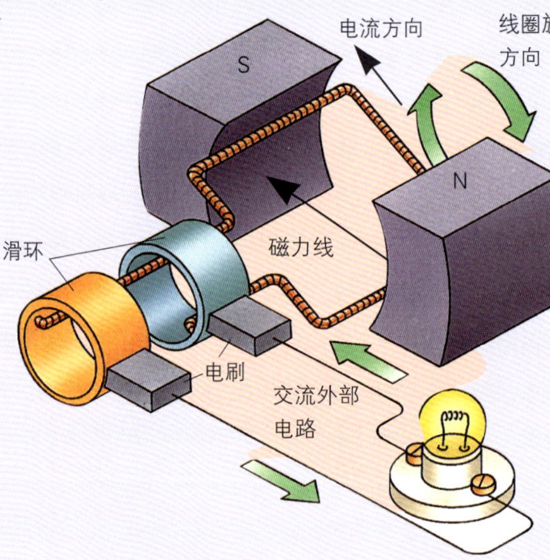

直流输出

这里产生的是连续的电流，沿着从正极到负极的方向，流经转子线圈和灯泡电路。可以想象当转子进行第二个半周期旋转时，电流方向不会发生变化。

交流输出

在这套设备中，线圈的两侧始终向各自的滑环提供电流，因此，线圈中的交流电未经改变方向就直接到达外部电路。

交流发电机与直流发电机

最简单的发电机由一个在磁场中旋转的单匝线圈构成。在线圈进行第一个半周期旋转时，线圈的一侧向上切割磁场中看不见的磁力线，而另一侧向下切割，这时线圈中就会产生感应电流。在旋转到一半时，线圈的两侧分别位于顶端和底部，由于不再切割磁力线，因此在很短的时间内没有感应电流。然后线圈进行第二个半周期旋转，这一次线圈中会产生相反方向的电流。这就是交流电（AC），电流强度取决于磁场的强度、线圈的匝数以及线圈的旋转速度（即线圈两侧切割磁力线的快慢）。

为了将电流从发电机中输送出来并加以利用，比方说用来点亮灯泡，需要将线圈的末端连接在两个滑环上，滑环随着线圈一起旋转。每个滑环上都连着一个由碳制成的电极，称为碳刷，用来提取电流并传导至外部电路。

为了产生直流电（DC），线圈的末端连接在一个由两部分组成的称为换向器的滑环上。连接的部位彼此绝缘，因此裂环装置可以保证尽管线圈中的电流是交流电，但是传输到外部电路的电流始终是单向的。

在发电站里，情况自然要复杂一些。例如，在很多大型交流发电机中，并不是一个线圈（电枢）在磁场中旋转，而是有三个电枢，每个电枢都是由数百米的铜线缠绕在圆环铁芯上制成的，这三个电枢保持不动（构成定子），另外有一块高强度的电磁铁（转子）在圆环中心旋转。利用电磁铁可以提供更强的磁场，因此也就得到更高的电流输出量。

我们平常用的电都是交流电，这是因为交流电很容易通过变压器来升高或降低电压。从电站的发电机输出的电（通常为 1 万 ~ 2 万伏）可以通过变压器升高到几十万伏，以便进行远距离输送。当高压电缆到达一座城市时，变电站就将电降至标准电压再送入城镇主电缆。中国的标准电压是 220 伏。

▲ 通用电气公司生产的用于发电站的燃气涡轮机正在进行最后的组装。气体从右侧进入涡轮机，通过 17 节的压缩机进入燃烧室，产生的高温气体通过 3 节的涡轮设备后排出。

原动机

无论你想要的是直流电还是交流电，发电机的转子都要旋转，因此需要提供机械能使转子转动才能发电。用来提供这种能量的称为原动机的装置，通常是一部由蒸汽、高温气体、风或水流推动的涡轮机。涡轮机的设计不一而足，有简单的明轮涡轮机，也有某些类似于飞机引擎的结构复杂的涡轮机。

冲击式水轮机的轮叶形状就像一把勺子，绕着一个水平轴旋转，像旧式的水车一样。水沿着管道输送进来，管口喷嘴对准轮叶，将水流集中喷射出去。转桨式水轮机绕着一个竖直轴旋转，它有一个类似轮船推进器的转子，上面多达八片轮叶。水向下流经涡轮机的轮叶，靠压力推动旋转。混流式水轮机与转桨式水轮机类似，经常用于水力发电站，并由很高的水位差（水库到涡轮机的垂直距离）提供巨大的水压。混流式水轮机的多轮叶转子绕着一个竖直轴旋转，发电机就安装在涡轮机的上方。蒸汽涡轮机是由高压水蒸气推动的，水蒸气是由以煤、石油、天然气为燃料的锅炉或者核反应将水加热产生的。涡轮机的每个涡轮都包含一台由狭窄的叶片组成的圆扇，一个水平轴上可以安装50个甚至更多涡轮。这些涡轮交替着静止和转动，以保证最大效率地利用蒸汽的能量。

▲ 位于美国亚利桑那州的胡佛坝水电站的涡轮机和发电机就建在这座高达221米的水坝里面。除了发电，水坝还承担着供水和协助控制科罗拉多河洪水泛滥的重任。

在燃气涡轮机中，有一个压缩过程将空气压入一个燃烧室内，与燃油或燃气混合并点燃。燃烧的气体迅速膨胀，然后从涡轮机的叶片中间喷出。产生的大部分能量都用来推动发电机发电，但是仍有一部分被用来旋转空气压缩机的叶片。

发电设备

就在工程师和发明家们坚持不懈地研究，寻找有效途径，获取清洁、“免费”的能源（比如风能和潮汐能）时，在现实的工业生产中，人类仍然主要依靠三大矿物燃料——煤、石油、天然气以及核能来获取能量。

从20世纪初期开始，人类对能源的需求几乎每20年就增长一倍。在20世纪80年代初期，人们对能源的消耗有了轻微的下降，这是因为当时过高的燃料价格，使人们意识到节约能源和减少浪费的必要性，不过这并没有持续很长时间。当燃料价格刚开始回落，能源的消耗又重新恢复到了原来的水平。工业化国家的人均能源消耗量曾经是发展中国家的15倍多，而欧洲、美国、日本的人口虽然只占世界总人口的20%，消耗的能源却占世界能源消耗总量的70%！

▲ 图中是英国迪得科特电站涡轮机室中的四台50万千瓦的涡轮发电机组。左边的汽缸利用蒸汽，对流回锅炉里的循环水进行再次加热。

▲ 为了预防漏电和短路，高压输电线要通过图中这种用不导电的玻璃制成的、一层一层、像盘子一样的绝缘体与地面和其他建筑物隔离开。在中国，类似的绝缘体很多是用陶瓷制成的。

各种各样的问题

以煤炭为燃料的火力发电站和核电站有一个共同点：它们都是先产生热量，然后通过热量使水沸腾产生蒸汽，以此来推动发电机的涡轮发电。但是，这两种发电站的工作方式却有很大的不同，各有各的优点与缺点。

当煤被运抵发电站时，并不是直接被铲进锅炉里，而是要先把它们磨成粉末，再与热空气混合，之后再把它们吹入燃烧室里。这样做可以使煤燃烧得更加充分。不过，最后仍然存在着处理废物的问题。煤燃烧时，会释放出大量的二氧化碳以及硫和氮的氧化物，这些气体都会对大气造成污染。旧式的火力发电站会把这些气体和大量细小的粉尘一起直接排入大气中。现代化的火力发电站虽然不能将所有的大气污染物都消除掉，但是它们会通过各种措施将污染物的排放水平降到最低。

烟囱中的化学过滤器能够除去大部分硫的氧化物，而 90% 以上的细小粉尘（这些粉尘被称为粉煤灰）在进入烟囱之前，就已经被静电除尘设备从锅炉废气中除去了。粉煤灰会被收集起来，然后卖给建筑行业制造轻型的建筑材料。即使有了这么多的改进，气体以及颗粒物的排放，仍然是火力发电站的主要缺点，火力发电站永远不会清洁地提供能源。另外，世界上仍然有大量的已知煤炭储量，因此，在很长一段时间内，煤仍是用来获取电力能源的一种主要原料。

核电站与火力发电站具有完全不同的优点和缺点。建造核电站需要花费很多钱，然而一旦投入使用，它们就能够非常高效、清洁地运转很多年。许多人都很担忧核电站所产生的辐射会威胁人类的身体安全，但是，实际上核反应堆在正常运行的情况下所产生的辐射，以及在准备新燃料、移除废旧燃料、储存废旧燃料的过程中所产生的辐射，加在一起也只占人们在日常生活中接触的所有辐射量的 0.04%。人们在日常生活中接触的辐射，几乎有 83% 来自像花岗岩这样的天然材料，还有大约 17% 是来自用于医疗中的放射性物质。

从上面的分析来看，核能是非常安全的。不过，1986 年发生在乌克兰切尔诺贝利的核

大开眼界

发光测试

如图所示，在测试的过程中，人工制造的闪电猛烈撞击着高压开关系统。这个测试可以用来检验开关装置内的绝缘体是否能够有效地避免雷暴所带来的破坏，以及能否有效防止猛增的电流破坏高压线下面的设备。

▲ 图中的大亚湾核电站是中国大陆第一座百万千瓦级大型商用核电站，拥有两台98.4万千瓦的压水堆核电机组，年发电量达到300亿千瓦时。

▲ 图中是一位工程师在模拟装置上接受培训。计算机能够再现现实中核电站碰到的所有问题，这就使工程师们有机会安全地训练自己的紧急应变能力。

▲ 观察图中这些安装在变电站中的变压器。通过这些变压器，输电线送来的高压电被降为110～240伏的民用电。

反应堆爆炸起火事件，以及 2011 年发生在日本的福岛核电站核泄漏事件，也凸显了如果操作不当，核电站存在的一些潜在危险。在这两次事件中均有很多人员伤亡，并让更多的人受到了核辐射的影响，大量当地居民被迫撤离。而且，核辐射的尘埃还蔓延到了周边很多地区。

在使用核能时，另外两个需要解决的主要问题是：如何处理核废料以及如何处理那些已经被淘汰的核反应堆。目前，处理核废料的办法有很多种：采取深层或浅层地下掩埋的方法；将它们装进巨大的钢铁容器，然后投入大海；把它们掺进水泥、树脂或者沥青中；或者是将它们转变成像玻璃一样的稳定材料（玻璃化）。彻底关闭一座大型的核电站，成本是非常高昂的。联合国的报告曾经估计过，如果关闭一座 100 万千瓦的核电站，会花费 4.8 亿美元。

消防设备

热像仪是消防装备中的武器。使用热像仪，即使在完全黑暗或者浓烟密布的环境中，也能发现并营救不省人事的伤员。

热像仪是一种轻便简洁的设备，大小像一部可携式摄像机。它有一个外形特别的目镜。这个目镜与消防人员的呼吸面具相匹配。热像仪中有一个使用电晶体的探测器，能够把接收到的红外线辐射（热能）转变为电信号，这些电信号就可以在热像仪的内部屏幕上把图像显示出来。物体越热，散发的热能越多。在充满烟雾的房间里，倒在地上不省人事的伤员，由于他身上的温度要比周围空气、地毯和家具的温度高，所以即使在黑暗和浓烟滚滚的情况下，热像仪也能发现他。

为了使自己免受高温、火焰、浓烟和坠落碎片的伤害，消防人员要穿上用厚实、绝热的防火材料制成的外套和裤子以及结实的手套和靴子，戴上轻便、坚固的头盔。在有浓烟、毒气和煤气的情况下，他们还要使用独立的呼吸设备。在处理喷溅出来的化学药品时，他们要携带一套特殊的服装。如果不得不穿过火焰，就要穿一种表面涂有铝层的发亮的热反射服。

▲ 消防人员通过热像仪就能在重重烟雾中发现失去知觉的伤员。

家庭住宅火灾的危害

大多数火灾都开始于潜伏的火患，有两大主要原因：一是人们临睡前丢弃在烟灰缸里的没有熄灭的烟头，或者打盹时不小心掉到床单上的烟头；二是厨房引发的火灾，通常由燃烧的油锅而起。其他常见的火灾原因还有：晾晒的衣服过于接近火源，电热器的位置太靠近家具，过多的电源插座（尤其是那些电路配线老化的房子）以及家用电器磨损的电线。

▲ 消防面具里有对讲用的振动膜，通过它，消防人员可以和队友交流，不需要内置微型话筒也可以使用无线电呼叫。

手持式灭火器

灭火器有不同类型，它们形状大小各异。根据规定，灭火器必须配备在学校、办公室、工厂、影院、商店以及其他公共场所的适当位置上，而且必须有专业人员定期检查。

灭火器主要有四种类型：喷水型、泡沫型、干粉型、二氧化碳型。不同的火灾，需要使用不同的灭火器。喷水型灭火器只能用于A级火灾，包括木材、纸张、纺织品等引起的火灾中。水能导电，所以这种灭火器不能用在因电路引起的火灾中，在汽油或其他油类燃烧引起的火灾中也不能使用，因为在这种情况下，水只能使火势更猛。

泡沫型灭火器含有水、泡沫生成剂以及作为推动力的压缩气体。泡沫能够覆盖在可燃物表面，阻断氧气供应，将可燃物和火焰隔开。它也可以用于A级火灾，但大多数情况都用于B级火灾，像石油、汽油、酒精和油脂等可燃液体引起的火灾。

▲ 灭火毯是扑灭油锅起火最快最安全的办法。这种灭火毯是用玻璃纤维制成的，表面覆盖着一层不沾油的硅酮橡胶。

干粉型灭火器含有压缩气体和细小的、不会燃烧的化学粉末，可以用于A级、B级和C级（如丁烷和丙烷等可燃气体引起的火灾）火灾，也可以用于电流引起的火灾和汽车火灾。它喷射出的粉末在熄灭火焰的同时，也把可燃物与空气隔开。

二氧化碳型灭火器能将燃烧的气体和液体与空气隔开，因此二氧化碳型灭火器通常用于电器引起的火灾。它和喷水型灭火器、泡沫型灭火器、干粉型灭火器不同，不会对家具、织物和精密的电子器件造成损害，对于办公室和其他配有电脑等昂贵设备的工作场所，它是最理想的灭火用具。

如何对待住宅火灾

如果家中失火，首先要让所有人都离开房屋，并及时拨打火灾报警电话119，向专业的消防人员求助。非专业的消防人员，只有在火势很小，并且有合适的灭火器，而且逃生路线畅通时，才能试图去灭火。如果有发生火灾的可疑情况，要迅速离开现场，并随手关上身后所有的门。

▲ 1991 年在意大利热那亚，“海文”号油轮爆炸起火，最后沉没。随后，一艘撇油船缓慢地开过了覆盖着一层厚厚石油油膜的海区。

▲ 有时候，即使当地没有发生明显的沉船或泄漏事故，也会有一块块的石油漂到岸上。图中的志愿者们正在德文郡海滩上清理这样的石油。污染了的沙子都被清洗干净，剩余的油膜用防油栅收集起来。

污染源。这两种操作都是非法的，但是它们仍然经常发生。

令人惊愕的是，海水中差不多有一半的污染油都来自陆地。其中大多数是汽车发动机中的燃油，它们被倾倒在排水沟里或者垃圾堆里，并从这些地方渗进土壤，进入河流，最终流入海洋。一些油是直接从被损毁的陆地管道进入大海的。1994 年，有一条输油管道破裂，数百万升石油渗进西伯利亚的冻土地带。1991 年，伊拉克入侵科威特，放火烧掉了成千上万口油井，破坏了输油管道，造成宽达 2 千米的燃烧的油湖。

环境的噩梦

石油难以处理、肮脏，而且危险。一旦着火，它就会猛烈燃烧并释放出有毒烟气。当它溅到水上时，就会漂浮在水上，仅仅几升油就能在水面上形成面积超过一个足球场大小的薄膜层。

在数百万升石油泄漏的事故中，海洋会被大面积厚厚的油膜覆盖住。石油薄膜会阻挡阳光和氧气进入海水，而阳光和氧气是生活在海水表层的微型植物与动物所必需的。此外，这些石油还会黏附在海鸟和哺乳动物的羽毛和皮毛上。身上覆盖油层的鸟儿将不能飞翔。许多鸟儿会试图用嘴清理自己的羽毛，但却被它们吞咽下去的石油毒害了。另一些鸟儿死于身体的暴露（寒冷），因为油层摧毁了它们的羽毛对外界环境的隔离作用。海洋哺乳动物，如海獭、海豹和海象，也都面临同样的命运。

当石油被海浪搅动，一些卷成黏稠的黑色焦油球沉入海床之上，同时，石油混合物的其他

▶ 英国皇家海事辅助服务拖船正在铺设防油栅，包围泄漏的石油。这个皇家海军的民用部门执行一些支持性任务，包括运送人员和补给、拖船、打捞和港口领航服务，还有污染控制等。

新型回收装置

当静水中的油层很厚时，当前的石油回收设备的工作状况良好。一种新的石油泄漏回收装置（OSRU）被设计出来处理含油量少于5% 的大量海水。OSRU 将含油的水用两个舷外支架防油栅尽量收集进来，并将这些混合物送进一个大的分离装置中。含油量少于0.5% 的海水被抽出船外；含油量超过50% 的液体被储存到油罐中，等到岸后再进一步处理。

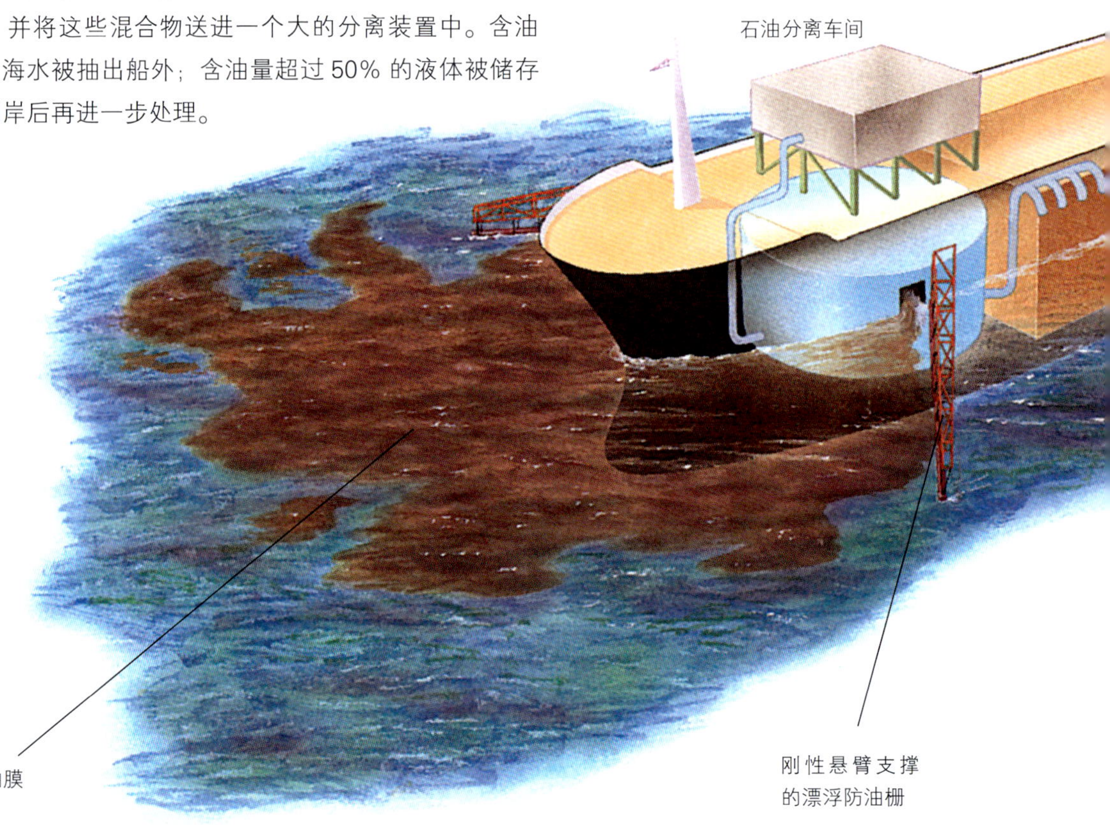

你知道吗？

救援野生生命

解救身上涂满石油的海鸟是一件进展缓慢的工作。先要将石油轻轻地用清洁剂清除干净，但是这也会把鸟儿羽毛中的天然防水油脂除去，没有了这些油脂，海鸟就会被海水浸湿浸透，结果很容易被淹死。清理干净的鸟儿必须被留在围栏中，直到它们重新拥有羽毛上的天然油脂。

成分被蒸发到空气中。那些被海洋油膜触及的海岸、岩石和海草河床之地，都覆盖着一层黏稠的焦油，并且石油会渗进沙质海滩。最后，当它们对当地的野生物、渔业和观光旅游业造成了巨大破坏之后，大多数石油会自然分解、分散。

在一场石油泄漏事故中，要优先考虑的是阻止石油扩散。这时，要用漂浮障碍物包围海面油膜，这种漂浮障碍物被称为防油栅。一旦石油被包围住，部分石油可以用被称为撇油器的机器收集起来。有些机器使用涂有吸油材料的传送带。当这些带子从水中提起时，石油就粘在上面了，并被刮落到油槽中。还可以用泵吸油。第三种方法是用一个依靠边缘漂浮的容器，这个容器的边缘正好与石油停留在水面的位置一致。石油从容器的边缘涌入容器中，然

▲ 人们在控制污染的飞机中装载上分散剂，然后将分散剂喷洒在被油轮泄漏出来的海面油膜上。图中的这次泄漏事故是由于油轮在设得兰群岛上搁浅造成的。

▲ 一只拦鱼栅式撇油器浮在水面上，它的中心容器可以调节，这样能够使它的边缘正好位于油和水的分界面上。于是，重力就能够使油流过撇油器的边缘灌入容器中。

▲ 英国皇家海事辅助服务的一艘“老手”级拖船，正在朴次茅斯对喷洒石油分散剂进行示范。分散剂是从一个中心箱体中泵入舷外支架，并喷洒到防油栅中的。

后被泵入驳船中。

大面积的石油海面油膜，通常依靠播撒化学分散剂来处理。这种化学药品能够将石油油膜分解成细小的、能够被水驱散（分散）的小液滴。石油没有移走，只是被稀释了。它还会对海洋生命造成麻烦，但是驱散石油油膜有利于阻止严重的海岸污染。

当石油覆盖住沙质海滩时，可以用推土机和挖掘机移走，这两种机械可以刮掉石油和受污染的沙子，并将它们运到高温焚化炉中或归入有毒废物中。长满海草的岩石海岸上的石油，可以用高压水龙带、化学分散剂，以及用手工工具刮除的方法来处理。

▲ 1.1 万名志愿工作者在“埃克森·瓦尔迪兹”号油轮发生灾难后，使用高压喷水器进行清理。石油被冲进由防油栅包围的海水中。

救护车的装备

用于事故和急救的救护车，并不只是把病人送到医院那么简单，它也是一个精密复杂的移动急救站。救护车上配有紧急救生设备和训练有素的救护人员。

不同国家的救护车服务是不同的，但在大多数国家里，救护车主要有两种类型。在英国，这两种类型的救护车分别是：运送救护车（PTS）和急救救护车（AEV），后者在一些地方也被称为“前线救护车”。运送救护车用于不太紧急的情况，比如把病人从家里送到门诊部。这种救护车上的座椅和公共汽车上的类似，后门装有一部轮椅升降设备，车上只有一名救护人员。

急救救护车则截然不同。在急救救护车的内部，一侧放有一副用来安置病人或者伤员的担架；另一侧放有急救人员坐的长椅，有时也可以坐一些轻伤病人。车上还有诊箱和药品架，里面有各式各样的医疗急救设备，主要有：用来处理伤口的消毒药水、绷带和敷料；当病人颈部和背部受伤时，用来固定断肢、防止病情恶化的各种夹板和支架；在紧急情况下使用的止痛剂和特殊药品；抢救严重失血病人时需要的血浆等。

在急救救护车里，有两种专门用于急救的设备：一种是心脏除颤器，能够让病人停止跳动的心脏重新起跳或者纠正不规律的心跳；一种是复苏器（人工呼吸器），能够辅助病人呼吸。在一辆英国式急救救护车上，还会配备两名急救人员。这两名急救人员不但要有一年以上的非急救岗位工作经验，还必须经过半年的急救技能培训。

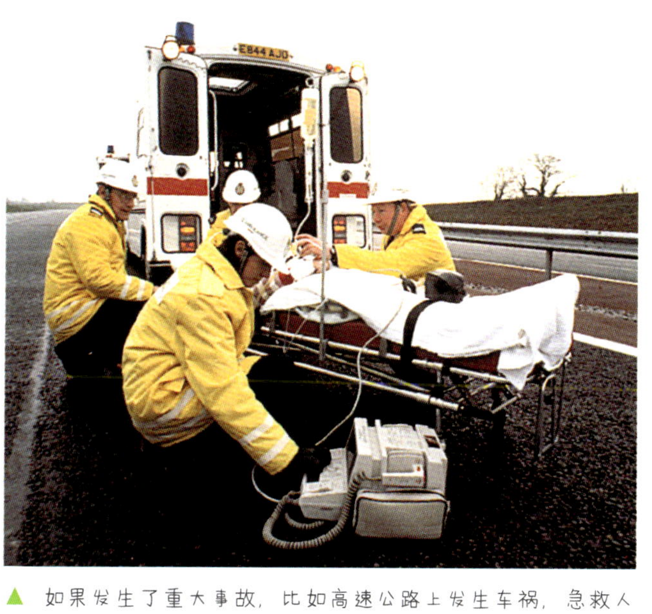

▲ 如果发生了重大事故，比如高速公路上发生车祸，急救人员在接到求救信息后，会迅速赶到现场抢救伤员。平时，急救人员会花大量的时间检测、维护救生器材以及进行急救训练。

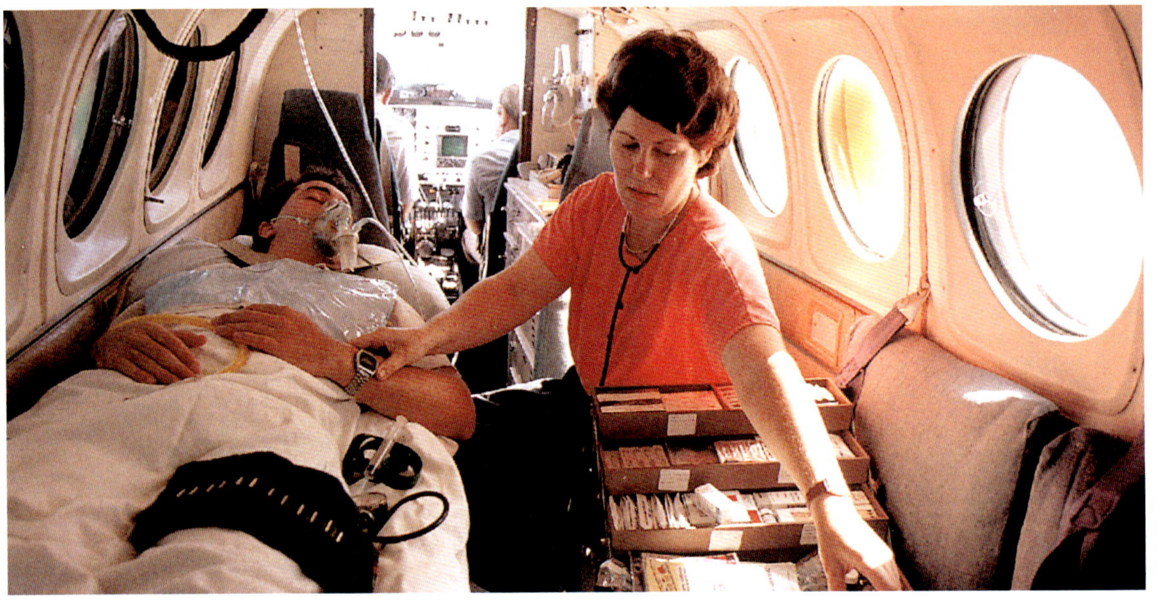

▲ 图中这名男子的哮喘病突然发作，他需要搭乘急救飞机回国。途中，医生会时刻监视他的病情。急救飞机上的医疗设备全面而先进，医生能够对病人采取相应的抢救措施。

急救人员

在美国，急救人员被称为医疗急救医士（EMT），他们要通过各种有关紧急医疗救护方面的培训。在事故现场，他们要迅速而准确地估计人员的伤亡，并根据病人病情的轻重缓急决定急救顺序。这要求急救人员能在混乱之中保持清醒的头脑，沉着地采取高效、可靠的急救方法。他们还要控制最严重的病情：帮助病人止住大出血，确保病人呼吸自由、心跳正常。

急救人员赶到重大车祸现场时，既会抢救伤势最严重的病人，也会时刻观察其他伤员，防止有人休克。在事故现场，休克是一种危险而常见的情况——除非马上进行抢救，否则足以致命。

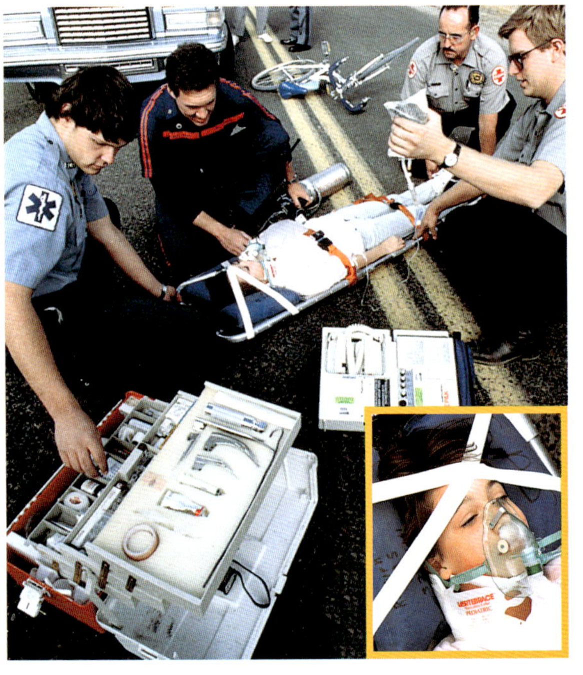

▲ 图中，一些美国急救人员正在进行急救演习。他们准备用直升机将伤者送离事故现场。从急救人员使用的特制担架、头枕和颈部支架来看，这个女孩可能是脊椎受伤了。

▼ 图中的机器是一部小巧但功能齐全的半自动心脏除颤仪，它有一个竖起的屏幕，上面显示有关病人的身体状况的重要数据——这些数据是通过粘贴在病人身上的电极板传送到中央控制系统的。

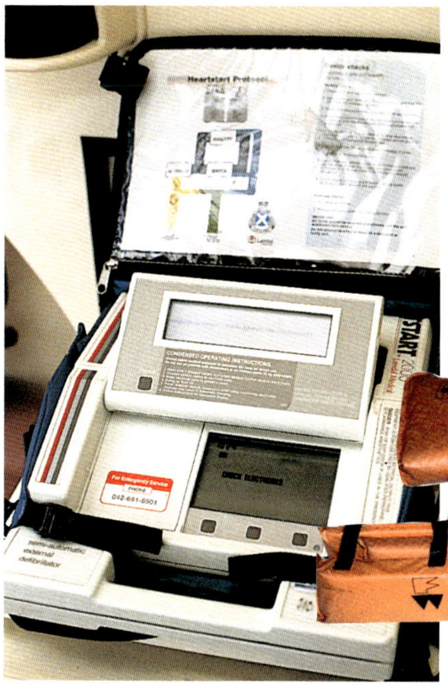

你知道吗？

专业训练

在美国，一名医疗急救医士（EMT）需要接受 80 ~ 150 个小时的基础急救员训练，但是要想有能力处理更复杂的情况，比如病人心脏骤停（心脏病突发），或者在家里及前往医院的途中为产妇接生婴儿，他们就需要额外接受 500 个小时，甚至更长时间的高级急救员训练，此外还须上常规的进修课程。

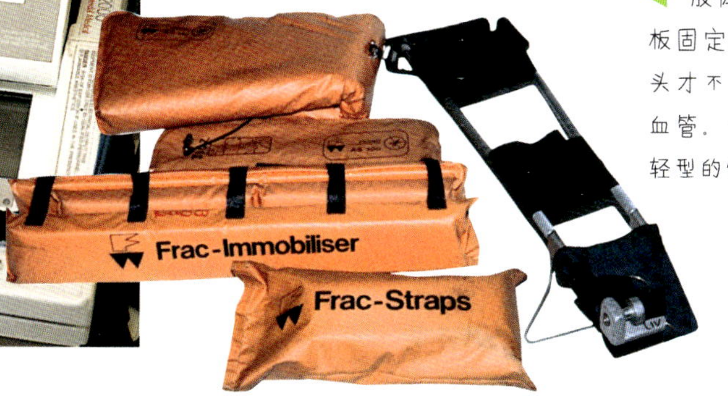

◀ 肢体骨折后，要尽快用夹板固定起来，这样断裂的骨头才不会进一步伤害神经和血管。许多骨折固定器都有轻型的铝制框架。

伤势较轻的人被抬出事故现场后，急救人员会帮助他们保暖，并安慰受到惊吓的伤者。对于伤势稍重的人，急救人员会等他们的病情稍微稳定之后再抬走。急救人员会小心翼翼移动这些人，把他们放到一个特制的担架上，避免他们的脊髓神经受到伤害。急救人员会用颈托固定伤员的脖子，用各种夹板和支架固定断肢。

伤员会一直接受抢救。急救人员通过无线电与急救中心或最近的医院取得联系，把伤员的人数、他们受伤的程度和已经采取的急救措施告知在医院里待命的医生，从而让医院里的医护人员做好抢救准备。伤员在送往医院的途中，可以服用一些止痛药，根据病情接受输血和输液。另外，急救人员还可以启动心电监护系统，对伤员进行救助。心电监护系统能实时监测伤员的脉动、心跳、呼吸、血压和其他一些重要情况，还能把监测到的数据传送给医院。

能够挽救生命的电击

心脏除颤仪的发明，拯救了成千上万人的生命。这种仪器是通过放在胸腔两侧的两块电极板，产生短暂强烈的电流来工作的。当一切准备就绪，主治医生会大喊一声“走开！”，警告其他人把各自的手从病人身上拿开，之后由助手启动仪器。

电击通常会激起心脏本身的电脉冲，一旦心脏重新跳动，通常就会持续下去。病人的身体被电击后会猛然抽搐几下，这看上去也许很吓人，但是，在用手为病人做胸外心脏按压不起作用的情况下，心脏除颤仪经常会挽救病人的生命。

辅助呼吸

如果病人呼吸困难，急救人员可以使用呼吸器来帮助病人呼吸，呼吸器能够提供空气或氧气。在某些情形下，还可以使用药物喷雾剂来减轻病人呼吸道的炎症。

在紧急抢救中，通常使用正压式空气呼吸器。这种呼吸器能利用压力将气体压入病人的肺部，当病人肺部充满气体时，控制阀会切断气体供给，然后由病人胸腔的自然弹性把气体挤出来。无论病人的呼吸多么微弱，都能借助本身的呼吸触动需求阀，控制气体的供给。当病人吸气时，需求阀能感觉到气压的变化，然后自动打开阀门让气流通过，从而帮助人体恢复呼吸。这种呼吸方式被称为辅助呼吸。当病人的胸腔肌肉麻痹时，就需要使用另一种呼吸器，即自动呼吸器。这种呼吸器会完全控制病人的呼吸，它将足够的气体压入病人的肺部，然后切断气体供给，直到病人呼气完毕再自动打开阀门进行下一轮呼吸。

警用装备

为了与犯罪活动做斗争，警务人员会使用大量的高科技装备，从雷达测速仪、闭路电视、酒精测试计、犯罪嫌疑人的计算机照片，到化学喷剂和防弹衣。

在过去的几十年里，全世界的警务人员所要面临的任务日益复杂。为了跟上时代的步伐，警务工作的方法和装备都随之发生了巨大的变化。在世界上的大多数国家，警察一直保持着良好的公众形象。警务工作中很大一部分是在本地社区组织反犯罪、反毒品的行动，调查入室盗窃、汽车失窃和其他犯罪案件，调解家庭纠纷，维持交通畅通，以及为处于事故和紧急状况下的人们提供援助。

过去，警察的装备比较简单，但是现在，这些简单的装备已经远远不够了。如今大城市里的治安问题已经把警察推上了前线，去处理棘手的毒品交易、街头暴力以及其他社会问题，还要与银行劫匪、伪钞集团和大城市诈骗犯之类的"职业罪犯"斗智斗勇。

▼ 图中英国警察这身全副武装，能够有效进行人身保护，同时也会对骚乱的人群产生威慑作用。

▲ 图中，一名督察警手持酒精测试仪，对一名驾车的民警进行酒精测试。为了使警察在群众心目中保持良好的形象，公安机关会不定期地对执行警务的警察展开督察活动。

▲ 图中挺立在路边的就是测速照相装置。照相机的镜头位于盒子的左上方，闪光灯位于右下方，雷达扫描器则位于中央面板的后面。

无线电与雷达装备

良好的通信设施是警务工作的基本保障，如今几乎所有的巡警都会配备双向无线电。步行巡逻的警察都身着警服，警服上配备着轻便的无线电设备。通过这种设备，巡警可以被迅速派往突发事件的现场，如抢劫和交通事故现场。同样，如果有需要，警察还可以呼叫总部的支援，或者呼叫救护车和消防车。警车、交通巡逻车、河道巡逻艇和直升机都配备强大的双向无线电设备。

随着交通密度的不断增加，超速成为交通事故频发的主要原因之一。雷达测速仪既可以手持，又可以安装在巡逻车上或者安装在路边或桥上。它与摄像头相连，由摄像头拍下所有来往的违规车辆的照片。如果步行的警察发现了一辆超速行驶的汽车，或者驾驶巡逻车的警察由于道路过于拥挤而无法驾车追踪超速者，那么只要与前方的巡逻人员通过无线电联络，就可以拦截下这个违法的司机。或者，他的超速行为会被记录在案，他仍然会收到一张罚单。而现在，交警们已经开始使用更加准确、测量距离更远的激光测速仪。

酒精测试

酒后驾车是许多交通事故的罪魁祸首，每年都会引起大量的伤亡。如今，如果警察怀疑一名司机有酒后驾驶的嫌疑，他们可以令其停车并进行例行的检查。司机要对着一个叫作酒精测试仪的便携装置吹气，然后酒精测试仪会测出这个人呼出的气体中的酒精含量。不过这个装置不够精确，不能作为法律上的证据。但是，如果酒精测试仪读数超标，司机就会被带到警察局进行进一步的测试。进一步的测试可以是一种更为精确的呼吸式酒精检测仪，也可以是将采血样送到实验室进行分析。进一步测试的结果可以证明司机是否清白。

个人防护

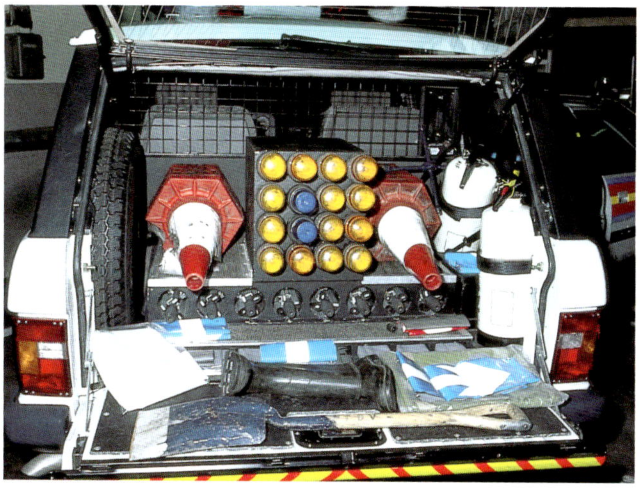

▲ 一辆警车的后备厢里装载着很多用于处理交通事故的设备，包括警示灯、锥形路障、交通指示牌、橡胶靴子、灭火器、铁锹以及清扫碎玻璃用的刷子。

在有些国家，警察要时刻全副武装。但是在另一些国家，警察只有在执行特殊任务时才进行武装，比如保护国家领导人或高级官员的时候。例如，英国的大部分警察都没有武装，除了警棍和非致命性的化学喷剂。这种化学喷剂喷到攻击者的脸上会引起暂时性的眼睛、鼻子和喉咙疼痛，使其丧失攻击能力。有些国家会使用高压电棍来对付暴力嫌犯。

如果有持枪抢劫等重大案件发生，就要派出经过特殊训练的武装警察。他们的警车上携带着多种武器和保护设施，能够随时开赴现场处理持枪犯罪事件。

为了保护警察的人身安全，被派往危险场合的警察都要穿上防弹衣。防弹衣一般是由质地坚固、重量较轻的碳纤维材料制成的，这种碳纤维甚至可以阻挡子弹射入人体。不过警察仍然需要依靠平日的训练和防身技术来保护自己，因为防弹衣过于笨重，不能一直穿着，而且在面对罪犯持刀行凶的时候不太有效（刀子刺入的力度是子弹的三倍）。

当警察前去制止骚乱的时候，有时要穿好防弹衣，手持塑料盾牌，头戴警盔，警盔有着厚厚的有机玻璃面罩和保护颈部的侧翼。在非常严重的情况下，还有可能使用催泪瓦斯、高压水枪以及橡胶或塑料“子弹”来驱散人群。

特殊警务工作

警犬在维持公共秩序、执行搜索和营救任务以及搜查毒品和爆炸物等方面扮演着重要的角色。潜水员可以在河流、湖泊里搜索被遗弃的武器和其他证据，或者搜索犯罪案件或意外事故的受害者。排爆专家能够定位、识别并拆卸爆炸装置。经过训练的谈判专家则会在犯罪分子或恐怖分子绑架了无辜人质的时候挺身而出。对于大多数电视观众来说，最为熟悉的警务专家或许是犯罪现场调查人员，他们在犯罪现场收集指纹、纤维和其他证据，然后再把这些证物交给法医进行分析。

消防员

消防员从事的是既费力又危险的工作。消防员不但需要身体健康、体魄强健、具有多种专业技能，还需要具备非同寻常的勇气、冷静和团队合作精神。

▲ 利用30米高的转台云梯，消防员可以清楚看到建筑物中的火势情况，并对火势最强的地方进行有效处理。

在消防队的警报拉响后的几秒钟内，当值的消防员就要立刻投入战斗。消防员必须马上放下手中的一切事情，以最快的速度从值班区赶往停车场，并快速拿上他们的装备。消防车立刻发动引擎，停车场的自动门紧急开启，马力强大的消防车加速冲上街道，而此时，车上的消防员们还在穿消防服，戴头盔，穿防火靴。

此时，速度最重要。消防员到达火灾现场的速度越快，及早扑灭火焰或者控制火势的机会就越大，在火灾中救人的成功概率

◀ 这是沃尔沃FL6“爱克斯嘉莱伯”消防车。在这辆消防车的车厢上，“FIRE（火警）”是倒着印上去的，这样，前面车辆的司机就能从车镜中清楚地看见后面的消防车，并为它让路。

▶ 这是一辆水罐消防车。图中，消防员正在检查呼吸罩和其他设备。消防员的大量时间，都用在对设备的检修和维护上。

◀ 每年，法国有数千公顷的森林都会面临火灾。图中这架由加拿大制造的飞机，是消防员的主要灭火工具。它能“铲起”5.3吨的水，片刻不停地飞往火灾区。

▲ 1990年，“米格·伯格”油轮在墨西哥湾，由于意外爆炸失火，1200万升原油泄漏到大海里。图中，消防船正在用高压水炮对燃烧的油轮进行灭火（高压水炮切断火焰的氧气供给）。

才更高。对消防队的负责人来说，最重要的是信息。火灾属于什么性质？是居民楼失火，还是办公楼失火？是工厂失火，还是仓库失火？如果是工业建筑失火，那么建筑物内是否有易爆物品、有毒物品或其他危险物品？警方是否已到达出事地点？居民是否已被疏散到安全的地方？

火灾的三个要素

同时具备以下三种条件，火势才会蔓延——燃料（会燃烧的东西）、氧气（使燃烧得以进行）、热源（使燃烧得以持续）。火势蔓延的这三个条件，只要其中任意一项条件不存在，大火就能被扑灭。而这三个条件，正是消防员灭火的三种途径。

如果在失火的地方有很多可以燃烧的东西，如地毯、窗帘、家具、书、画、墙纸，消防员的主要灭火方法就是让这些易燃物质冷却。通过灭火水龙带，将水浇向大火中的房屋，使燃烧的物质降温，直到温度低得难以使燃烧继续。因此，在大商场和办公区，一般都安装了喷水灭火系统。

如果整幢大楼都在燃烧，在火势最凶猛的地方就要使用高压水龙带。高压水龙带喷出的水的力量很强大，它不但能把火浇灭，还能防止氧气进入再次引燃火苗，这就类似于用脚踩灭扔在地上的火柴。

消防员最大的冒险是处理坠机、炼油厂、加油站以及一些化工厂的失火事故，因为他们不得不对那些高度易燃的物质进行处理。这些易燃物质中，很多是液体，液体大多会漂浮在水面上，如果使用水龙带的话，只会使火势越来越大。因此，在这种情况下通常使用泡沫型灭火剂——切断火灾的氧气供给。

如果火灾发生在有限的区域内，比如家里或者办公室，可以使用二氧化碳、干粉灭火剂（特殊的化学物质）或者灭火毯。

如果是森林火灾，就一定要切断火灾的燃料源。从消防飞机或直升机上，对火势最强的地方大量浇水，促使它降温；或者在火势蔓延的路径上大量投掷防火化学物质，减缓火势蔓延的速度；或者消防员在火势蔓延的路径上砍伐树木，制造出一道“火势隔离区”。这样，当火苗抵达时，就会由于缺乏燃料而无法燃烧。只要消防员能迅速往火势隔离区中的灰烬上浇水，不让它们重新被点燃，就能阻止大火蔓延的脚步。

装备和训练

灭火装备主要有两类，它们是消防车或者灭火泵，以及各种消防梯和载人平台。消防车一般是多功能的灭火装备。在消防车上，有动力强大的消防泵，储水箱里能装载1800升水，它们不需要与街道上最近的消防栓（灭火水龙头）连接，就能立刻投入使用。消防车上还有长达450米的水龙带、可伸缩的消防梯，消防梯最长可达15米。此外，还有消防员的呼吸保护器，以及各种切削、提升和急救设备。

在高层建筑的灭火用具中，有传统的、安装在消防车上的转台云梯，它能延伸到30米长，还有新式的液压升降平台，其中一些平台能上升到52米的高度。这些机械不但能将高楼中或者房顶上的人，送到安全的地方，还能让消防员把灭火水龙带准确地送入燃烧的建筑内部。

消防员需要了解建筑的设计和结构，才能知道火势会如何蔓延。例如，如果火焰经过建筑的供热管道、中空的墙体或者地板空间，那么，建筑物的一部分就有可能会倒塌。消防员必须懂得如何处理受损的电缆和天然气管道，以及大量的危险物质。有一些物质可能很容易爆炸，有一些物质可能是腐蚀性的，会产生致命的有毒烟气。

有时候，在一些没有火灾的事故中，消防员也会首先赶到现场。因为当人们遇到严重的道路、铁路或坠机事故，或者工厂中的机械事故，或者建筑工地上的事故，很多人会想到消防员，并打火警电话。

英国的第63消防部队每年大约要处理40万件火灾事故，不过，每个消防员真正花在救火上的时间却非常少。在大多数时间里，消防员都在维护消防设备，接受培训，学习灭火的技能技巧，因为这一切都将决定在真正救火时，消防员与火灾受害人的生死。

救护车

发生一起严重事故后，最先到达现场的可能是救护车。救护车是一种有着特殊装备的道路车辆。不过提供救护工作的也可以是飞机、直升机、摩托车或高速汽艇。

伴随着警示灯的闪烁和特殊的警报器的呼啸声，可能是一辆救护车正赶往一个紧急呼叫的事故现场。所有的车辆都会自觉有序地为它让行。司机可以在车行道边缘、人行道，甚至反方向上行驶——任何地方都行，只要救护车能通过。像奔赴火灾现场的消防员一样，救护人员也需要争分夺秒，因为这可能意味着生死之差。

车上急救

在过去的50年里，救护车发生了巨大的变化。直到20世纪60年代后期，救护车的主要任务还仅仅是将人们从事故现场尽快运送到医院。车内空间十分狭窄，只有一些非常基本的急救设备。然而从那以后，救护车和救护人员都发生了变化。

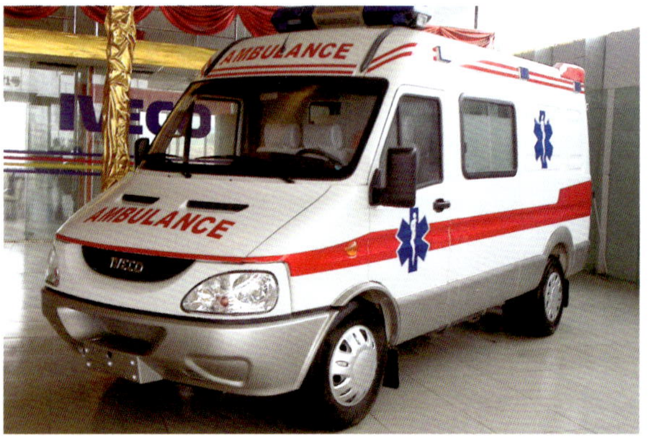

▲ 救护车属于特殊车辆的一种，需要经过特殊改装，所以理论上任何车型都可以成为救护车。

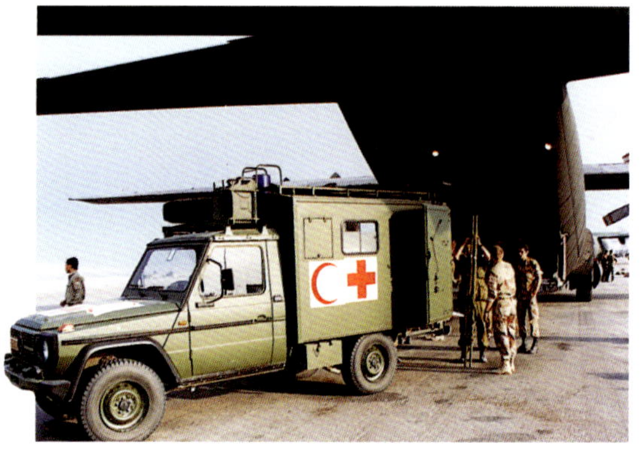

▲ 图中是英国一辆军用救护车，它专门被用来在战争中救援受伤的士兵。

现代救护车的内部比较宽敞，使救护人员有足够的空间在去往医院的途中对患者进行救护处理。现代救护车内还携带了大量的绷带和外敷用品，可以帮助止血、清洗伤口、预防感染。车上还带着夹板和支架用来固定病人折断的肢体，并避免病人颈部和脊椎的伤害加重。车上也备有氧气面罩、辅助呼吸的机器和恢复心跳的电子起搏器。大多数救护车上还带有一种器械，可以在前往急诊室的路上监测患者的脉搏和呼吸。这些监测数据可以通过无线电发送到医院。

许多现代救护车上的工作人员都是专业护理人员，特别是那些负责大型体育盛事、高速公路繁忙路段等高风险场合的工作人员，他们能够进行高水平的急救处理。他们在现场和途中的专业救护经常能够挽救伤者的生命。他们受过诊断患者伤势的训练，所以他们可以提前用无线电传送数据，并建议医院让哪些医护人员和技师做好准备，并备好相应的手术用具。

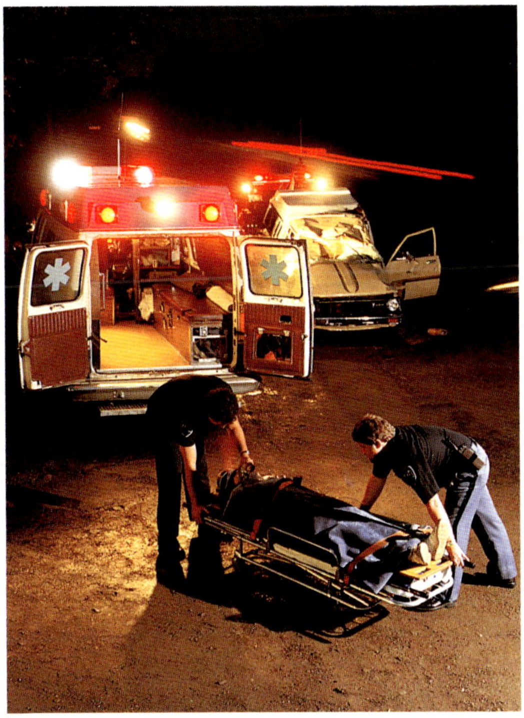

▲ 护理人员一到现场，救护工作就开始了。图中，一名交通事故受害者先用上了吸氧装置，然后被小心地抬进救护车。

快速而平稳的驾驶

救护车司机受过专业培训，可以在繁忙的路段、夜里或坏天气里快速安全地驾驶。培训也包括救护车打滑控制和野外驾驶。速度固然重要，不过当车上运载着一名重病或重伤的患者，其他工作人员又在对他进行急救时，平稳行驶也是必需的。能够快速驾驶，并且在拐弯处不倾斜、在凹凸不平的路面上不颠簸，这需要救护车司机具备优秀的驾驶技术并且精神高度集中。救护车一般都有动力转向系统、额外

你知道吗？

空中医生

澳大利亚的飞行医生服务是在 1928 年由约翰·弗林创立的，他的搭档是脚踏无线电发报机的发明者阿尔佛雷德·特雷格。在第一年，服务队只有一架飞机，却飞行了 32000 多千米，为 255 个人带去了医疗救助。在澳大利亚有 12 个现代的飞行医生服务中心，可以一天 24 小时进行无线电通信联络。当一个内陆患者需要帮助时，值班医生——他的业务范围可能要覆盖几千千米——会给患者一些建议，如果情况紧急，还要紧急呼叫救护飞机飞到患者那里。

的翻车保护杆和经过改良的后部悬挂，以保证它们能够平稳地行驶。一般情况下救护车在运输非紧急病人时可以乘坐 8 个人，在事故和紧急状态下只能运载一副担架。高效的救护车服务应该能在紧急呼叫后 20 分钟内到达现场。不过，无论救护人员受过多么良好的训练，迅速到达现场经常都很困难，特别是在拥挤的城市交通中，以及在城镇里的老旧破败区，因为在那些地方有些街道的标志可能早已丢失了。

计算机呼叫处理和调度系统比旧的人工系统迅捷多了。它们可以记录下每个紧急呼叫的细节，帮助救护车计划最佳路线，避开交通堵塞。最新的电话技术可以储存来电号码，如果呼叫者的信息不够清楚，可以打回去核实。这个系统也能帮助处理浪费时间的虚假警报问题。

空中救护及海洋救护

如果在高速公路上发生了一起严重事故，损毁的车辆和散落的货物经常会堵塞车道。几分钟内，交通就会发生长段的堵塞，救护车很难通过。在这种情况下，直升机就会前来营救。由一名飞行员、一名领航员 / 绞车手、一名或两名医生组成的专业的空中救护团体，在几分钟内就可以赶到现场，降落在最近的开阔路段或者附近的空地上。重伤患者在现场得到专业的处理后，几分钟内就可被飞速送往医院。

在幅员辽阔的国家，如澳大利亚，许多内陆的养羊场距离医生所在地有几百千米。在这些

▲ 十万火急时，没有什么比救护直升机速度更快、功能更全的了。图中，一架救护直升机降落在伦敦市中心的特拉法尔加广场上。

大开眼界

救护马车

没人知道救护车的首次使用是在什么时候，但也许是在 11 世纪和 12 世纪的战争中。在战争中受伤的人们被马车送回自己的阵地。而在更早的时代，身负重伤的士兵会被遗弃在战场上，慢慢死去，除非同伴能帮助他们到达安全地带。

地方，主要的救护服务由皇家飞行医疗服务团（RFDS）提供。RFDS 的所有分部都通过无线电联络，时刻保持响应紧急呼叫的待命状态。

在欧洲，一旦受伤或生病的度假者和商务旅行者稍微康复，可以承受旅途的颠簸，空中救护机（通常称为“救伤飞机”）就会把他们送回家中，或是送到他们自己国家的医院。许多这种飞机由私人公司运营，并被为旅客上了保险的保险公司租用。

在沿海地区和分散的岛屿之间，快艇通常是将病人和伤员运送到医院的最快捷工具。

志愿者

专业救护服务的一线队伍，会从志愿者组织，如英国的圣约翰救护组织那里得到巨大的帮助。该组织的徽章和制服是足球比赛、摇滚音乐会和其他大型公众活动上常见的风景。仅在英国就有 3 万成人志愿者和近 4 万青少年志愿者，他们都接受过最新的急救方法的培训。他们每年会提供超过 400 万小时的个人时间，救护 25 万多名伤患人员。

警车

不管在哪一个国家，只要有一辆车跟在你的后面，车上的顶灯不停地闪烁着，车上的警报器不断地鸣叫着，那就是在告诉你——闪开！这是一辆警车，此时，它正在匆忙地执行任务。

世界各地的警察几乎会使用各种各样的交通工具，从高性能的路面车和直升机，到自行车、马、骆驼。在大多数时候，警察执行任务都是高度机动化的。在有的国家，巡警仍然很重要，但如今机动巡警更为常见。警车能为警察提供保护，允许警察携带更多的警用装备，能在大范围的地区巡逻，还能迅速应对突发事故。

公路车和街车

对在交通速度极快的城市路面上巡逻的警察来说，他们需要高性能的路面车，这样才能追赶上飞速逃跑的肇事车辆和罪犯。在英国的高速公路上，你经常能看到Rover827（罗孚“827”）、Ford Scorpio（福特“天蝎”）、Vauxhall Omega（沃克斯豪尔“欧米茄”）、Jaguar XJS

在中国的各个城市中，警车的车型五花八门，这其中，以由上海一汽和德国大众公司合资生产的一汽大众系列车型最为常见。在城市拥挤的交通中，它能将警员迅速送往出事地点，处理突发事件。

▲ 在事态恶化的时候，警察和警车都需要保护。图中这种警车是防暴车，它的窗户上装有钢网，能起到保护作用。警察们都穿着防护背心，戴着防护手套和头盔。

（捷豹“XJS”），此外，还有 Range Rover（路虎“揽胜”）和 Discover（路虎“发现”）。在这些车上，都装有事故和应急设备。在美国，主要的巡逻车是 Ford Mustang（福特“野马”）、Crown Victoria（维多利亚皇冠）、Ford Taurus Saloon（福特金牛座沙龙）、Chevrolet Camaro（雪佛兰“科迈罗”）、Jeep Cherokee（吉普“切诺基”）。克莱斯勒曾经是警车的大型生产商，但如今，克莱斯勒只在墨西哥地区生产警车——它们是世界上唯一的前门有防弹功能的警车。

在高速公路上巡逻的警车必须具备高速度。大多数巡逻警车的最高速度是每小时 210 千米，雪佛兰“卡玛罗”的最高速度则超过了每小时 240 千米。警车的加速度也很重要。在大多数的追捕中，警车必须立刻出动，不允许缓慢加速，否则就没有机会追上罪犯。为了适应这种极限性能，大多数警车的悬挂系统都经过了改良，在不同道路上行驶的稳定性都得到了提高，宽宽的轮胎还适应了强大的牵引力，并具有良好的防滑刹车系统。通过这种防滑刹车系统，驾驶员只要一踩刹车，传感器就能将轮胎的运转信息反馈给车上的一个小型计算机。如果计算机发现轮胎将要锁住，就会自动降低刹车的水压，允许轮胎继续运转。然后，再一次自动刹车。利用这套系统，能在一秒钟内多次刹车，而不会锁住轮胎。

在美国，城市警察在高速公路上巡逻时，用的都是同一种车。然而，在英国和欧洲的城市警察，则使用各种不同类型的小型车辆，这是为了更好地适应市中心拥挤的街道。在这些地方，警察们用的车是 Escort（福特“雅仕”）、Astra（欧宝“雅特”）、Mini（迷你）、Peugeot 306（标致“306”）。在福特“雅仕”和欧宝“雅特”中，通常还会携带警犬和执法刑警。福特“全顺”

这样的车则通常用来运送人员抵达或离开事故现场，或者执行一些特殊的任务，如在群众的示威游行或足球场中维持秩序。

固定装置

警车不仅仅是交通工具，它也是通信中心、办公室、掩蔽所、观察哨，甚至有时还充当临时监狱。在英国，警车上有各种设备，包括随车携带的雷达系统，以及其他一些用来检查车速的设备、基本救援设备、急救设备，还有事故控制设备。在美国，比较新式的警车还装有移动数据终端设备。这套设备基本上能在警车之间提供即时、可靠的通信

▲ 这套警车上的视频系统是一项比较新的美国科技，在后视镜的后面有一个微型照相机，车内警察的衬衣上有一个无线麦克风，从而可以将每次事故的详细情况记录下来。这套系统通常能为法庭提供额外的证据，当被告人歪曲事实，错误指控警察的行为时，这套系统提供的证据就能有效保护警察的利益。

▼ 英国摩托警用的摩托车通常都是宝马或者本田，这种摩托车速度极快，它能帮助警察迅速地追上并逮捕罪犯。不过，摩托车的速度仍然是有限的，所以，如果罪犯逃跑的速度非常快，使用警车最给力。

交流，警察即使在巡逻车上也能直接进入各种数据库，检索需要的信息，例如在15秒钟之内，就能迅速查出某辆车的牌照。在这套系统中，有一个紧凑简洁的屏幕，屏幕上有预先编程的功能键，还有一个可以用来输入数据的独立键盘。这套系统被安装在前座之间，可以朝任意方向旋转。在很多美国警车的仪表板中间，还垂直安装有滑膛枪。所以，像这样的警车就可能显得有些拥挤。有的美国警车上还有特别形状的纤维玻璃后座，上面有窟窿，犯人坐在上面时，手就可以铐在后面。

其他的警用工具

在有的国家，秩序是由警察维持的，也有的国家用军队或准军事人员维持秩序。但不管由谁来维持秩序，都需要特殊的装备和交通工具。在载人警车的挡风玻璃和侧窗上，通常都装有钢网，当有人向警车投掷器物时，钢网能起到保护作用。还有的警车上备有水炮（高压喷水装置）和催泪瓦斯弹，专门用来驱散聚众闹事的人群。此外，在搜索和救援行动中，或者在打击罪犯走私和交易其他非法物品时，警察有时也使用汽艇。在监视、救援和交通执勤中，偶尔也会用到直升机。

警犬的用途很广，既能用于搜寻和救援行动，也能用来追踪罪犯的踪迹，它们还能搜寻藏匿的毒品，控制聚众的人群。在有些国家和地区，甚至还使用马匹。在纽约、伦敦和开普敦等城市，市镇的街道上通常会有全副武装的警察。这些街道上一般都很拥挤，为了能够清楚地看到过往车辆和人群，警察骑在马上（骑警）往往是最好的方式。

救援车

要拖走一辆出了故障的小轿车是件相当简单的事，但要救援一辆失事的16轮卡车、一艘损坏的轮船或者一架在敌人后方被击落的军用直升机则是另一回事——这些都是重量级专家们的工作。

车子半路抛锚或发生一起小事故已经是件很倒霉的事情了。但对驾驶员来说，最糟糕的梦魇莫过于故障发生在一个漆黑的下着雨的夜晚，而且车上还载满了行李和疲惫不堪的乘客。正因如此，如今全世界已经有数百万名普通司机加入各种汽车组织当中，如英国的汽车协会（AA）、皇家汽车俱乐部（RAC）以及其他国家的类似组织。这些组织能够为会员提供多种服务，

▼ 一辆笨重的救援车正用起重机吊起一辆拖车的拖曳（牵引支架）装置。这辆拖车的车身中部呈V形弯曲，横向停在加利福尼亚高速公路上。在紧急刹车时，拖车与拖曳装置互相垂直，就会形成“V形弯曲”。

▲ 当救援车来到后，故障车上的那家英国人很快坐进了救援车上驾驶员身后舒适的车厢中，故障车也被拖上载重板，救援车将把他们直接送回家。

▲ 一辆英国军队的“福登”6×6型载重车正将一辆机动装卸车从泥沼中拖出来。如果没有及时救援，这辆车上运送的军用物资在几分钟后就会随车陷入泥沼中，而它们是前线部队急需的补给。

将“特里斯特拉姆爵士”号带回来

在马尔维纳斯群岛战争（也称马岛战争，这是 1982 年 6 月，英国与阿根廷为争夺马尔维纳斯群岛的主权而爆发的一场战争）期间，英国皇家舰队的补给船“特里斯特拉姆爵士”号被阿根廷的火箭炮和加农炮击中，铝制的船体上层被烧毁。战争结束后，英国皇家海军舰队的工程师们决定把这艘船抢救回来并进行修复。

海上起重打捞船“丹尼福特”号将可以漂浮在海面上的起居舱室运送到马尔维纳斯群岛，为那里的大量驻军提供了住所，并受命带回“特里斯特拉姆爵士”号。在准备将它带走时，“丹尼福特”号驳船下潜，使升降甲板沉到水面下，船上的人再用绳索将“特里斯特拉姆爵士”号调整到“丹尼福特”号上合适的位置。在确认荷载物已被安全放置在甲板上以后，“丹尼福特”号随即浮出水面，准备返回泰恩河（位于英国英格兰北部）。

不过大多数会员加入都是为了获得故障救援服务。不论故障发生在什么地方，只要打个电话就能得到帮助。如果车子只有一些小问题，也许当场就可以修好；如果问题很严重就会被拖到最近的修车厂。如果驾驶员选择了“送达”服务，故障车将被装上运输车，乘客则可以钻进救援车特有的加大驾驶室中，然后故障车和乘客将被同时送达目的地。

如果是载重卡车、油（气）罐车或拖车在途中出现故障，救援工作就要复杂得多。首先要将故障车上装载的货物转移到其他车上，尤其是那些危险的物品，如汽油、毒气罐或化学药品。然后，故障车会被一辆动力强劲的拖车拖走，或者利用绞盘将它吊到低车架的卡车上。一旦有易爆、易燃或有毒物质泄漏出来，救援工作就会变得漫长而危险。直升机和飞机的造价高昂，因此，只要还有抢救（救援与修复）的可能，任何一支空军部队或是商业经营者都不会放弃它们。重型运输直升机经常被用于这样的救援工作。对失事飞机进行空运通常要比陆运更加快捷便利，尤其是在战区，空运往往是唯一的运输方式。即便如此，这也是件极其危险的事情。

像坦克、弹药车这样的军用车，以及移动雷达与导弹控制系统等军用设备，也都是非常昂贵的。而且和军用直升机一样，它们通常都具有高度机密的科技含量。为了能够尽快救援军用车，军队中往往配有一支专家级的车队，其中最常见的车型是“福登”6×6 型载重车（Foden 6×6，由英国斯通菲尔德公司生产）。它的动力装置是一台 300 马力的劳斯莱斯银鹰柴油发动机，六轮驱动，车上装有起重机和前后绞盘。

起重船也是最常用的救援工具之一。这种专业的救援船通常用于运输钻探设备，它既是石油钻井平台的一部分，也可以充当驳船，还是油田的官兵和建设工人的起居舱室。起重船的中央甲板部分非常低，船体设有压载水舱，可以将海水泵入或放出，为船体提供浮力。在实际操作中，船身会持续下沉，直至海水没过载荷甲板。在海水浮力的作用下，甲板上的负荷物就会漂浮到合适的位置，随即压载水舱会被排空，甲板上升，货物浮出水面，货物运输的准备工作也就结束了。

大开眼界

隧道救援列车

随着铁路交通的发展，越来越多的铁路需要通过隧道，于是隧道救援列车应运而生。1988 年 5 月，德国联邦铁路开发的第一组隧道救援列车投入使用。图中这辆是隧道救援车的牵引内燃机车。

机场安全

1986 年 4 月 17 日，在伦敦的希思罗机场，航空公司的一名安全人员发现一位女乘客的行李箱有些异常——在进行常规检查时，该行李箱被清空后仍有些“沉”。在进一步检查中，他发现行李箱内藏有一个秘密隔层，里面装有 1.5 千克的塑料炸药。

这名警觉的以色列航空公司官员挫败了一起重大炸机阴谋。一名约旦恐怖分子将塑料炸药藏进女友的行李箱，并启动了定时装置。然后，他与女友挥手道别，声称自己因为有其他事情只得改乘下一个航班。机场的 X 光扫描器探测不到塑料炸药，而定时器和雷管又隐藏在袖珍计算器里，因此，只有“空”箱子的重量才能给出一点线索。如果没有人发现塑料炸药，那么，这架满载着 375 名乘客及机组人员的波音 747 飞机很可能会在欧洲上空被炸得粉碎。

▼ 机场的安全人员通过闭路电视监控系统能够及时发现乘客的任何可疑行为，甚至找到走失的儿童。

如今，世界上所有的航空公司都把安全放在首位。乘客从机场陆侧进入机场空侧，必须经过一个安全检查站。每个人都要穿过一个形状如同门框的金属探测器。在这种探测器的内部，装有一个能够产生磁场的环形天线。任何通过探测器的金属物品都会使磁场发生扭曲，从而引发警报。通常，引发警报的都是硬币、钥匙之类的非危险品。但是，机场安全人员却不能因此将探测器的灵敏度调得过低。这是因为，有些枪支主要是由塑料材料制成的，金属部件非常少。

爆炸恐怖分子和武装劫机分子是航空公司和乘客的头号敌人。除此之外，机场安全人员还要时刻警惕其他危险分子，比如，在世界范围内运送非法麻醉品的运毒者。这些人为了蝇头小利不惜铤而走险，幕后老板却从中获得巨额利润。运毒者所冒的风险的确很大，这是因为他们的运毒方式和路线通常早已被海关或其

▲ 这部X光行李检查设备不仅能分辨出被检物品的材质，还能对所呈图像的任何部位放大，甚至可以把图像传送到中心控制室，由专家对可疑物品做进一步检测。

你知道吗？

“9·11”恐怖袭击事件

2001年9月11日，美国东部地区发生了一系列恐怖袭击事件。恐怖分子劫持了多架飞机，并驾机撞毁了纽约世界贸易中心大楼和华盛顿五角大楼等重要建筑，造成重大人员伤亡。

高灵敏度嗅探器

EGIS嗅探器能够利用气体色谱和化学发光技术对空气样品进行分析，以探测和识别任何已知的爆炸物。

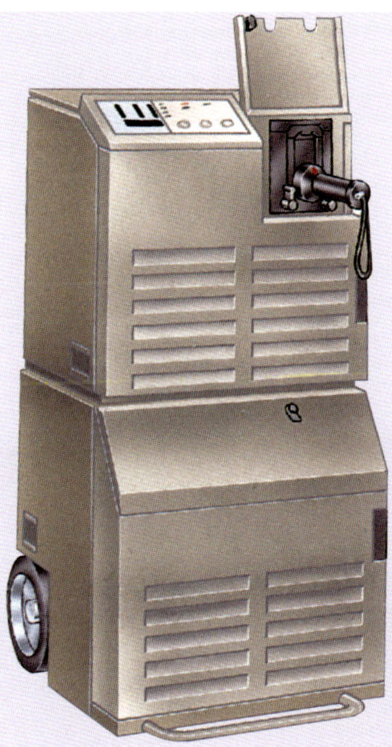

只需18秒钟，这台嗅探器就能检测到硝酸甘油、TNT炸药或塑料炸药。

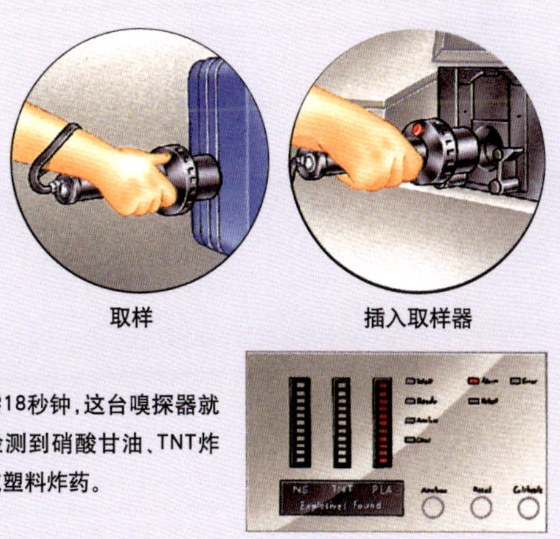

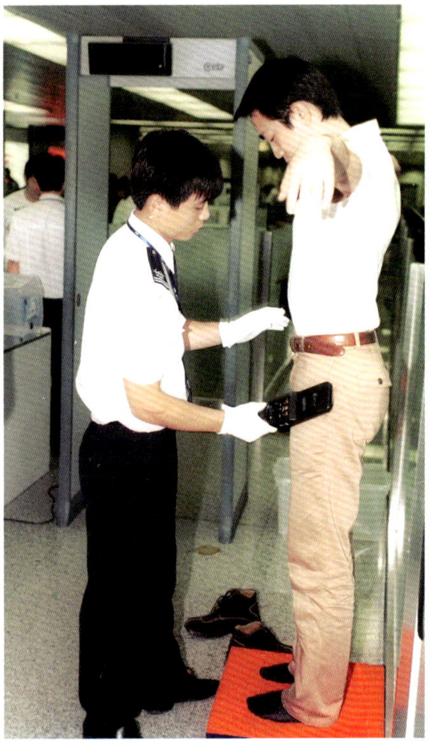

▲ 一名男乘客在接受金属探测器的检查时引发了警报，随后他被要求接受人工检查。机场安全人员会对每一位准备登机的乘客进行安全检查，以确保没有危险品被带上飞机，从而保证飞行中的安全。

他政府部门的工作人员掌握。因此，许多运毒者都是被当场抓获的。最新的X光行李检查设备，不仅能检测到枪支、刀具、电线和电池之类的金属制品，还能分辨出其他材料制成的物品。在监视器屏幕上，密度较大的无机材料显示为蓝色，有机材料显示为橙色，如硝酸甘油、塞姆汀塑胶炸药、大捆的纸币以及伪装成药片、药粉、树脂的毒品等。

经过专门训练的嗅探犬能够嗅到毒品和炸药散出的气味。因此，多年来它们一直被用于机场安全检查。航班间隔期间，嗅探犬会对飞机的客舱和行李舱进行仔细检查。它们也检查那些可能藏有非法物品的可疑行李和货物。但是，嗅探犬不可能像大型机场里的自动行李处理系统那样，每小时处理12000多件行李。如今，化学嗅探器已经研制出来，它使得嗅探过程更快捷、更高效。将空气样品送入中进行分析，检验结果会显示在屏幕上，或被打印出来。爆炸物的任何蛛丝马迹都能被“嗅”到。

然而，罪犯们为了不让炸药泄漏半点儿化学气味，一直在寻找更好的密封方法。因此，安全检查技术也必须相应提高。伽马射线成像仪能释放出少量的放射性光线，当它们穿过行李时，某些波长的射线会被行李中的物体吸收。被照射物体的化学特性不同，它们的吸收图谱也不同。伽马射线成像仪可以“挑选”出爆炸物所特有的吸收图谱。此外，还可以利用中子射线对行李进行照射，这能使爆炸物中的某些化学物质释放出少量气体，然后只需对空气取样分析，就能检测到爆炸物。

▲ 这只嗅探犬并不是在嗅探毒品和炸药，而是在搜寻林蛇！这种毒蛇在关岛很常见，有的还搭飞机“偷渡”到太平洋的其他一些小岛上。

防盗装置

商店和超市失窃的商品和现金给零售业带来了很大的损失。不过商家也不甘示弱，在先进技术的辅助下，他们的防盗水平也在不断提高。

防盗领域蕴含着巨大的商机。商家每年都要在防盗产品和服务上花费大量的资金，其中包括只允许经过授权的人员进出大门的主控制系统、保安巡逻队、闭路电视监视器、商品防盗系统、自动防盗警报和汽车防盗系统等。

商店和超市里的商品防盗工作向来很有难度，因为涉及的商品种类实在太多。书刊和唱片、羊毛衫和套装、化妆品、摄影器材和计算机，如果不加以保护，都有可能不翼而飞。但是这些商品的大小、形状和制造材料千差万别，本身就为防盗工作制造了很大的困难。不过现在全新的防盗技术使得每一件商品都可以加上防盗标签。质地松软的大件商品，如外套和毛毯，经常装上两片非常明显的塑料标签作为保护。防盗系统的主体有一根固定钢针，穿透织物锁在背面的标签上，只有用一种安装在收银台的特殊设备才能卸下来。系统的另一部分是设在商店门口的探测装置，这套装置会产生强大的磁场，当商品的标签进入磁场时，就会引发振动并发出信号，从而触发探测装置中的警报电路。这套系统非常精确，除了商品的防盗标签以外，其他任何东西都不会触发警报。这套系统甚至还能探测到金属购物车里的标签，丝毫不受金属屏蔽的影响。

小件的衣物和许多其他种类的商品都可以用粘贴或悬挂标签的办法来加以保护，这些标签上带有像纸一样薄的射频电路，在收银台由店员负责除去。如果有人想不经过收银台就带着商品离开商店，标签上的微型电路就会触发出口处的警报器。

大的标签需要用专用的设备来卸除，较小的标签在收银台的电子扫描板上扫一下就可以解除警报功能。商店的防盗就是凡事都要比小偷先行一步，而这些微型电路装置则是强大的武器，因为它们可以伪装成普通的库存条形码的标签，或是商店自己的商标，还可以隐藏在商品包装里隐秘的地方。

如果有人试图摘掉或损坏防盗标签，一些标签会自动报警。例如，有一种标签会自动启动内置的声音警报。还有一种标签会刺破装有色彩明亮的染料的小瓶，这样就暴露了小偷的盗窃行为，而且还可以确保小偷不会穿着偷来的衣服招摇过市或是转卖给他人。这对小偷是一种很有力的威慑。

解除警报

为了避免惊扰那些安分守己的顾客，防盗感应器必须保证在安全的情况下不会报警，也就是说，它必须只能被未消磁的防盗标签触发。当商品已经付过款了，就必须消除标签上的报警电路。

柜台消磁板

柜台的射频消除装置只负责消磁，不与收款机相连，所以不能同时结账。消磁板很容易就安装在销售柜台的下面。

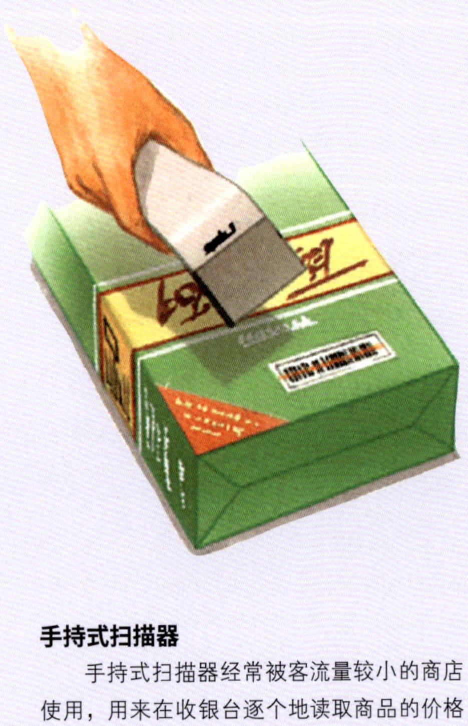

手持式扫描器

手持式扫描器经常被客流量较小的商店使用，用来在收银台逐个地读取商品的价格条形码。扫描器内部有一个消磁装置，专门用来消除防盗标签的射频电路。

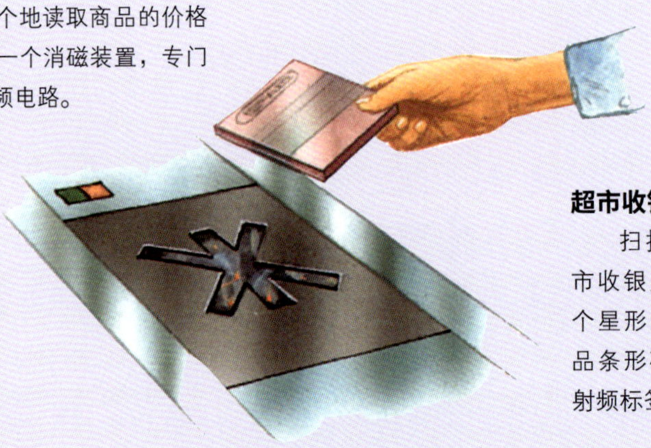

超市收银台

扫描大量商品时，超市收银员会将商品刷过一个星形的扫描窗，读取产品条形码的同时也解除了射频标签的防盗功能。

保险箱

保险箱和保险库主要被设计用来保护现金和贵重物品，以防失窃，不过许多事务所也需要保险箱来保存文件记录和磁性数据存储设备，以防在火灾中被毁。

最大的保险柜是大银行里的金库，或称保险库。这些保险库设有层层保护，而且通常都建在地下很深的地方。保险库的内层是特别厚实的钢壁，外面还包裹着极厚的钢筋混凝土。库门通常是一个重达几吨的圆锥形钢栓，外圈边缘上有几十个巨大的门闩。甚至在接近保险库之前，还要先通过几道高度防卫的保险门。在曾经发生过的闯入保险库的几起案件中，盗窃者宁可强行凿开地板或墙壁，也不愿去对付那些保险门。保安部门已经从这样的失误中吸取了教训，现在保险库的墙壁、屋顶和地板都像库门一样坚固，甚至连保险库外面的泥土中都安放了热度和震动传感器。

▲ 图中，银行保险库厚重的钢门通过边缘辐射分布的钢质门闩锁在门框上。门上安装了复杂且安全系数极高的组合锁和自动定时锁，只有经过批准的人才可以打开，并且只能在银行安全控制系统所设定的时间内进出。

旧式的办公保险柜也有一个类似的缺陷。柜门看起来足够坚固，但是保险柜的背面却经常可以用锤子砸开或用凿子撬开。现在的保险柜不再这样了。它们可能看上去更像橱柜或文案柜而不是保险柜，却可以抵挡来自任何方向的冲击。

现在大多数公司都将资料保存在光盘或者 U 盘上，这就需要新一代的办公保险柜，功能上不再仅仅是为了防范小偷。这些现代存储设备在高温下可能会损坏，除此之外还会受到灰尘、烟雾和水的威胁。因此，新型的绝缘材料和密封技术就被用于数据存储保险柜的设计中。这种保险柜的测试过程非常严格。公司会将测试用的存储设备放入保险柜，锁上之后放到温度高达 1000 摄氏度的火炉中加热 1 小时。当保险柜冷却后，保存的记录必须安然无恙。在整个测试过程中，保险柜内的温度绝不能超过 54 摄氏度。为了确保柜内物品即使在火灾中从楼上坠落下来仍然保持完好，保险柜还要从 10 米高的地方摔到一堆水泥碎块上以进行坠落测试。

日常保护

许多小商店都是现金交易，而不是通过支票或银行转账，所以很容易被窃，因此，现金在存入银行之前要妥善保管。他们大多使用具有单向顶门设计的小型保险箱，钱会通过一条安全管道或一个滑动抽屉进入保险箱内。而保险箱一直锁着，钥匙放在别的地方。现金就这样一直保存在保险箱里，直到金库的管理人员将它清空。类似的保险箱可以嵌进商店或办公室的地板里。

如果房屋的主人有贵重的珠宝，或者需要在房子里储存大量现金，也可以使用小巧的隐藏保险箱。隐藏在装饰画背后的墙壁保险箱已经在无数电影里出现过，不过这种隐藏方法还是有些显眼。现代的墙壁保险箱更倾向于镶嵌在水泥地基里，甚至藏在墙壁的踢脚板后面，伪装成一个标准的电源插座。迷你保险箱甚至可以伪装成食品罐或其他日常容器，然后和真的容器混放在厨房的橱柜里。

门锁系统

金属钥匙似乎已经过时了。现在很多办公室和工厂都已经使用了数字键盘或者刷卡入口控制系统。许多酒店已经使用了可编程的磁卡。也许再过几年，我们要进出家门、学校、办公室时，只需要对着门说句话，或者在特定的地方轻轻按一下就可以了。

现代电子进出控制系统几乎随处可见，它正在逐步取代旧式的门锁和钥匙。这种控制系统更轻巧、更方便、更安全，而且拥有更多的功能。使用这种系统，现在的职员们不用再随身带着那些能把衣服坠得变形、把口袋磨破的大大的钥匙串，而只需要记住一组简单的有顺序的数字，或是带一张塑料扫描卡，或是在车钥匙环上拴一个很小的塑料密钥卡，甚至只需要通过指纹或相貌就可以开锁了。

可编程的入口系统

机械锁和钥匙的不便之处在于，如果不小心丢了或是被偷了钥匙，那么就只能换锁才能保证房间的安全。

使用电子锁系统，所谓的"钥匙"仅仅是一串二进制码。在门锁的存储器芯片里存储着密码的拷贝，而我们每次进出的时候，就要在数字键盘上输入密码，或是将一张有磁性的编码卡刷过门锁内部

◀ 在典型的进出控制系统的诸多部件中，包括一个输入键盘，里面已经设定好了每名使用者的身份和安全级别，还包括系统控制键区（图中左下），用来启动或解除系统各部分的警戒状态，以及一个轻便的小型打印机，来打印使用日志。

的自动读卡器。如果我们输入的密码与门锁的存储芯片里存储的密码相符，门锁就会打开；如果不符，锁就无法打开。如果有人丢失了磁性卡片，或是有员工离开了公司（辞职或者被解雇），无须担心，不会有任何危险。我们在几分钟内就可以在门锁里重新设置一个新的密码。

不过这仅仅是开始。计算机的芯片上可以存储相当多的资料，这样门锁就可以被设定一定的程序，使它能够通过安全密码来区分公司的每一位员工，并能够限制谁去哪儿，以及记住谁去过哪儿。在运用综合性的系统时，无论大楼里有多少道门锁，每位员工都只有一个密码。在这种情况下，相同的密码或磁卡被用来开每一道门锁，如果你被“授权”进入大楼的某个部分，那么那里的门就会打开，如果没有被“授权”，那么门就不会打开。不过，门锁会把你的号码记录下来，并且提供给安全管理人员！许多系统内部都装有尖端的监控程序，每个门锁在允许或拒绝人们进进出出的同时，还会将成千上万的进出记录存储起来，这样安全管理人员和主管人员就可以了解每天的“内部交通”情况了。除了显示各种可疑活动，这套存储设备还可以记录有多少人进出地下停车场，或者电梯在不同楼层之间的使用情况。

大开眼界

指端控制

像“指纹验证系统”这样的个人身份生物识别系统，很可能在未来我们支付商品和服务，以及处理个人银行账户的过程中，被我们使用。图中这台机器是通过备份用户的身份证号码来工作的，其他一些系统可能是通过使用一种“智能卡片”来工作，这种卡片的内部存储器芯片中存有用户的指纹编码信息。

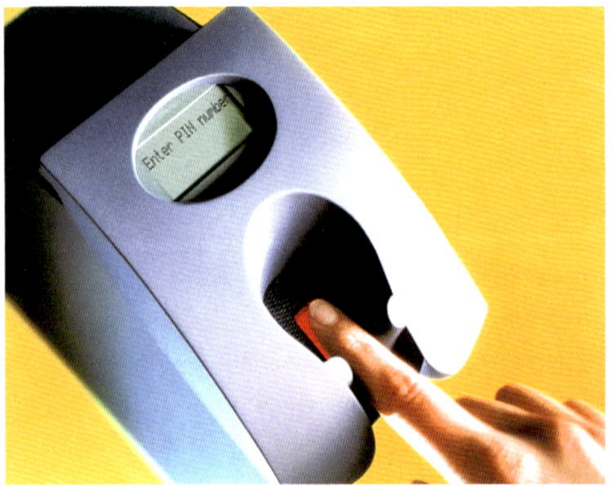

生物识别安全系统

这类系统通过指纹、声音的特征或者眼底视网膜的微静脉图案来识别使用者。识别这些特征，需要存储大量的信息，不过随着计算机芯片功能的日益强大，以及数据压缩技术的日益进步，不久以后，我们就可以用声音指令来开门了，或者在购物的时候，只需在特定的机器上按下自己的指纹就可以直接进行银行转账了。

火灾侦查和预防装置

从简单的家用烟雾探测器，到智能的消防系统，都属于现代化的防火安全设备的范畴。智能的消防系统可以监控工厂和办公大楼的安全状况，而且它们会对不同类型的紧急情况做出不同级别的反应。

家用烟雾警报器正在被广泛使用，它的价格不是很昂贵，而且只需要几分钟就能安装好。警报器虽然不能防止火灾，但是如果真有火灾发生，特别是当人们熟睡的时候，警报器却可以为人们争取安全逃脱的那关键几分钟。

发现火灾

三种最常见的火灾探测器是光学烟雾探测器、离子烟雾探测器和热探测器。光学探测器中有一个脉冲调制的发光二极管（LED）和一个光敏二极管。当烟雾颗粒进入探测器后，这些颗粒会将光向各个方向散射，这样就会有一些光照射到光敏二极管上，从而触发警报。这种类型的警报器在探测由人造材料燃烧（比如塑料和家具泡沫等）形成的大烟雾颗粒，以及探测缓慢焖烧的火灾时格外有用。离子探测器中有一个很弱的放射源，它可以将探测器内外电离室中的空气电离，这样就会有微弱的电流在内外电离室之间流动。当烟雾颗粒进入开放的外电离室时，会减缓电流的流动从而触发警报。这种警报器对纸张和木材燃烧，以及快速燃烧的火焰散发出的小烟雾颗粒反应效果最佳。热探测器主要有两种类型，一种类型是

▲ 在对火灾比较敏感的场所中，比如计算机机房，过去通常使用哈龙灭火器，但这种灭火器中的物质会对臭氧层造成破坏，所以，现在它已被对环境没有破坏作用的洁净气体灭火器所取代。

热探测器中，含有一个由两种焊接在一起的金属制成的双金属探测器。这两种金属具有不同的膨胀系数——当受热时，一种金属的膨胀程度比另一种金属要大，因此，在升温后，探测器会发生弯曲，从而使电路闭合，引发警报。另一种类型是采用一种热敏电阻，就是受热时阻值会下降的电阻器。热探测器对那些在正常情况下，空气里就含有烟雾和水汽的地方（例如，酒店里的厨房和锅炉房），以及含有大量细小的灰尘的工作场所来说，是最理想的火灾探测器。

发出警报

最常见的警报器是用在家用烟雾探测器中的刺耳的高音电子喇叭，以及学校和办公室中所使用的高分贝的火灾警铃。这两种警报器所发出的声音，都足以超过人们日常生活以及交通所发出的噪音，但并不是所有的地方都适合使用它们。在嘈杂的工作环境中，人们可能听不到铃声或警笛声，因此，在这些声音响起的同时还会伴随强烈闪烁的灯光。像在医院这样安静的环境里，低分贝的警报器以及警示灯就可以警告工作人员紧急待命，而不会给病人们带来不必要的惊扰。在拥挤的公共场所中，预录好的指令，会通过广播来引导人们到达最近的安全出口或者安全地带。

许多系统在发出警报的同时会自动灭火。自动喷水装置被广泛地应用在商店和仓库中，在火情得到控制之前，它们会自动喷水灭火。系统有时会用喷水的方式灭火，有时则用泡沫灭火，这要根据在火灾中燃烧的材料而定。水和泡沫对电子数据处理设备以及通信枢纽的破坏作用不亚于火灾，因此在装有这种设备的环境里，人们通常会用洁净气体灭火器来扑灭火灾。

紧急出口

对大厅、楼梯以及平台这些地方来说，这种烟雾报警器是最为理想的报警装置。它除了能发出 85 分贝的警报声外，还有一盏高亮度的氖灯，可以帮助人们找到安全出口，平安逃生。当烟雾颗粒干扰了流经电离室的微弱电流的流动时，警报器就会被启动。

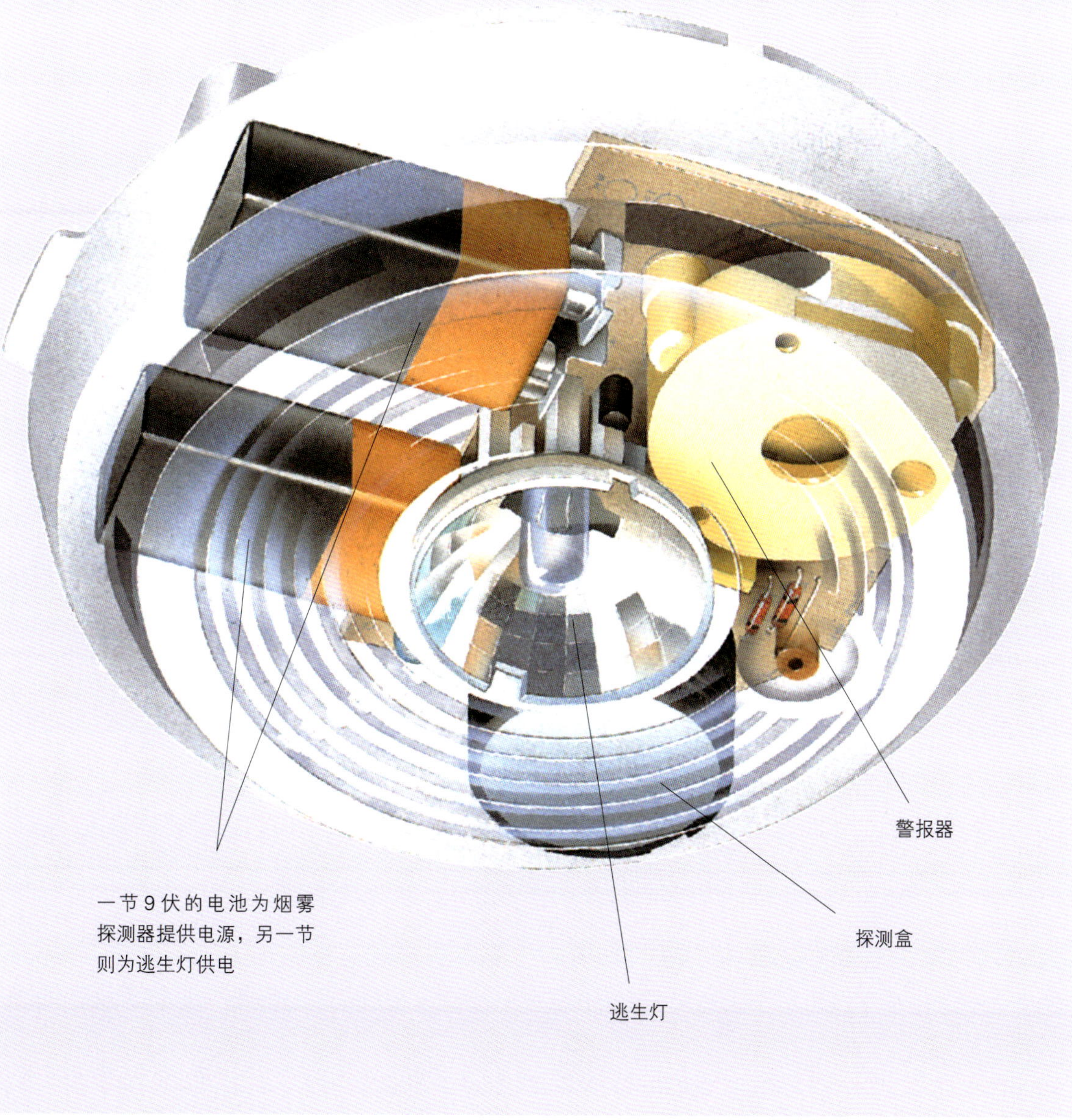